高等职业教育无人机应用技术专业系列教材

U0660905

ASSEMBLY AND DEBUGGING OF UAV

无人机
组装与调试

主　编◎陈　慧

副主编◎黄建华　张慧丽　钟政军

微课版

西安电子科技大学出版社
http://www.xduph.com

内容简介

本书主要介绍了无人机组装与调试过程中涉及的相关基础理论知识、操作方法与注意事项等。本书有效结合了无人机装调检修工国家职业技能标准和相关职业技能竞赛中的知识与技能要求，按照理实一体化职业教育教学特色组织教材内容，力求内容的深度与广度并重，使之符合高等职业院校学生的认知特点。

本书共 5 个项目，分别为无人机组装与调试基础、多旋翼无人机组装与调试、垂直起降固定翼无人机组装与调试、固定翼无人机组装与调试和无人直升机组装与调试。每个项目开始均给出了学习目标，项目末配有学习评价和项目测试。此外，本书配备了丰富的教学资源，需要者可通过扫描书中二维码或登录出版社网站获取。

本书可作为高等职业院校无人机应用技术及相关专业的教材，也可作为无人机科普教育和无人机爱好者的学习用书。

图书在版编目 (CIP) 数据

无人机组装与调试:微课版 / 陈慧主编. -- 西安: 西安电子科技大学出版社, 2024.7(2025.8重印). -- ISBN 978-7-5606-7309-7

Ⅰ. V279

中国国家版本馆 CIP 数据核字第 20241WS768 号

策　　划　明政珠
责任编辑　孟秋黎
出版发行　西安电子科技大学出版社 (西安市太白南路 2 号)
电　　话　(029) 88202421　88201467　　　邮　编　710071
网　　址　www.xduph.com　　　　　　　电子邮箱　xdupfxb001@163.com
经　　销　新华书店
印刷单位　河北虎彩印刷有限公司
版　　次　2024 年 7 月第 1 版　2025 年 8 月第 3 次印刷
开　　本　787 毫米 ×1092 毫米　1/16　　　印　张　13
字　　数　304 千字
定　　价　55.00 元

ISBN 978-7-5606-7309-7

XDUP 7610001−3

*** 如有印装问题可调换 ***

PREFACE

前　言

根据党的二十大精神和《关于推动现代化职业教育高质量发展的意见》文件的指导精神，为贯彻高等职业教育以职业需求为导向、以实践能力培养为重点，"产教融合、育训结合"的指导思想，深圳信息职业技术学院针对无人机专业学生的就业情况和企业岗位需求进行了深入调研，组织专业骨干教师和企业技术专家编写了本书。

本书以企业工作岗位实施案例为载体，以任务为驱动，在"教、学、做"一体化的教学内容中融入了"1＋X"职业技能等级证书要求和无人机装调检修工国家职业技能标准，有利于学生掌握无人机工作岗位的基本技能，进而提高其综合应用能力。

本书的特点如下：

(1) 校企合作编写。本书的编写团队由院校专业骨干教师和企业技术专家组成，他们充分发挥了各自的优势。教师执笔编写，企业技术专家进行实践指导，各展所长。

(2) 项目化任务引领。书中任务以工作岗位案例为主，既突出了任务的重点内容，又加强了重点岗位技术的实践训练。

(3) 配套教学资源丰富。本书配备了丰富的教学资源，包括PPT、动画、电子教案、练习题库、课后答案、课程大纲、任务实训单、微课等。对于重难点内容和实践操作，学生可以通过扫描二维码的方式进行学习。教师可下载课件等教学资源，结合学生实际情况进行教学设计。

本课程总学时为56学时，建议各项目中每个任务分配2学时。

本书由深圳信息职业技术学院、江西制造职业技术学院教师团队编写，陈慧担任主编，黄建华、张慧丽、钟政军担任副主编。具体分工如下：项目一、项目二由陈慧编写，项目三由陈慧、黄建华编写，项目四由陈慧、钟政军编写，项目五由陈慧、张慧丽编写，本书配套教学资源的制作由陈慧完成。深圳市大疆创新科技有限公司、西安天翼智控教育科技有限公司为本书的编写提供了基础材料与实践技能建议，深圳信息职业技术学院领导和无人机专业相关专家在百忙之中抽出时间审读了本书并对内容和体例格式提出了宝贵的修改建议，编者在此一并表示感谢。

由于编者水平有限，书中不妥之处在所难免，欢迎广大同行和读者批评指正（编者 E-mail:hexy@gdsdxy.cn）。

编　者

2024 年 5 月

CONTENTS

目　录

项目一　无人机组装与调试基础

○ 学习目标

➤ 知识目标

1. 了解无人机的发展历程与发展现状、概念与分类，掌握无人机的结构与系统。
2. 掌握无人机组装与调试常用工具及其作用。
3. 了解无人机组装与调试过程中的常用材料及其特点。
4. 掌握手工焊接工艺、手工拆焊工艺的常用工具和方法。
5. 掌握胶接、铆接的操作方法以及螺纹连接的注意事项。
6. 熟知无人机组装与调试的安全注意事项。

➤ 技能目标

1. 掌握无人机组装与调试常用工具的使用方法。
2. 掌握手工焊接技巧并能够焊接无人机专用插头。
3. 掌握各类焊点的拆焊方法及注意事项。
4. 掌握胶接、铆接和螺纹连接的操作方法。

➤ 素养目标

1. 培养善于钻研、不畏困难的工匠精神。
2. 培养认真、刻苦、勇于实践的工作作风。
3. 养成规范、端正、严谨的治学态度。

任务一　无人机组装与调试基础知识

本任务主要学习无人机组装与调试基础知识，旨在使学生了解无人机的发展历程与发展现状、无人机的概念与分类，掌握无人机的结构与系统。

无人机组装与
调试基础知识

一、了解无人机的发展历程与发展现状

1. 无人机的发展历程

1917 年，世界上第一架无人机诞生，但此时的无人机无法返航和重复使用。1935 年，英国发明了"蜂王号"无人机，该无人机能够返航，具备了飞机的完整功能。因此现在普遍认为"蜂王号"无人机的问世标志着无人机时代的开始，随后各种无人机被用于不同战场，执行侦察任务。1939 年，美国开始研制无人靶机，先后研制出"火蜂"系列和"Chukar"系列靶机。

我国无人机的研制始于 20 世纪五六十年代。1966 年 12 月 6 日，我国第一架无人机"长空一号"首飞成功。20 世纪八九十年代，军用无人机技术成熟并开始进入民用领域。21 世纪后，无人机技术进入蓬勃发展时期，无人机由原来的个头大、目标明显、不易携带向机型小巧、性能稳定的方向发展。2006 年，大疆创新科技有限公司成立，对世界民用无人机的发展产生了深远影响。

如今无人机市场日趋火爆，无人机型号、种类众多，且在诸多行业发挥了重要作用。

2. 无人机的发展现状

1) 军用无人机的发展现状

随着现代军事技术的飞速发展，无人机在军事领域的应用日益广泛。军用无人机不仅在侦察、评估、打击等传统军事任务中展现出了卓越性能，还在掩护、支援和救护等多元化军事行动中发挥了重要作用。军用无人机的发展现状可概括为以下几个方面。

(1) 多功能与模块化设计已广泛应用。得益于新型技术的快速发展，军用无人机已普遍采用多功能与模块化的设计理念。这一设计创新使得军用无人机能够根据不同任务需求迅速调整配置，实现侦察、监视、精确打击以及电子战与信息中继等多重功能的无缝切换，显著提升了军用无人机作战的灵活性和效率。

(2) 高空长航时无人机已实战应用。高空长航时无人机技术已迈入高度成熟阶段，并成功投入实战。这类无人机具备在高空持续飞行的能力，可长时间执行监视、情报收集等任务，为作战指挥提供实时、全面的战场态势信息。部分型号军用无人机更是搭载了武器系统，能够根据作战需求精确锁定并打击目标，极大地提升了作战效率。

(3) 微型化与智能化技术取得实质性进展。微型军用无人机以其体积小、重量轻、隐蔽性强等优势，在侦察、监视等任务中展现出了巨大潜力。同时，智能化技术的快速发展使得军用无人机能够自主执行更加复杂的任务，如目标识别、跟踪和避障等。部分先进军用无人机系统还具备自主决策和协同作战的能力，进一步提升了作战效能。

(4) 隐身技术得到广泛应用。现代隐形无人机利用先进的复合材料、雷达吸波材料和低噪音发动机等技术，有效减少了雷达反射面积和红外特征信号，极大地增加了敌方探测和跟踪的难度。这种高隐蔽性使得无人机能够在关键时刻迅速接近敌方目标，并执行精确打击等高风险作战任务。

2) 民用无人机的发展现状

当前，民用无人机的发展展现出了一系列积极态势，包括技术创新、应用领域拓展、智能化水平提升、环保性能增强以及安全性显著提高等。

(1) 技术创新。民用无人机正处于快速发展阶段，从动力系统的革新 (如高效能电池和混合动力系统的研发) 到飞行控制技术的突破 (如自主导航、智能避障和精准定位系统的完善)，再到无人机结构的优化设计 (如采用轻质高强度材料和模块化设计)，这些技术创新显著提升了民用无人机的飞行性能、续航能力和作业效率，使其能够适应更为复杂多变的环境。

(2) 应用领域拓展。随着技术的不断进步和成本的逐渐降低，民用无人机的应用领域得到了前所未有的拓展：从最初的航拍、摄影等娱乐用途，到如今已深入的农业、环境监测、应急救援、物流配送、科研勘探等多个领域。在农业领域，民用无人机通过搭载传感器与喷洒设备，实现了精准施肥、病虫害监测和防治；在环境监测领域，民用无人机能够高效采集与分析空气质量、水质、土壤湿度等数据；在物流配送领域，民用无人机以其快速、灵活的特点，为城市"最后一公里"配送提供了新的解决方案。

(3) 智能化水平提升。智能化已成为民用无人机发展的重要趋势。通过集成人工智能、大数据、云计算等先进技术，民用无人机实现了更高水平的自主飞行和智能决策。例如：基于深度学习算法的图像识别技术，民用无人机能够自动识别目标并进行跟踪拍摄；结合大数据分析技术，民用无人机能够规划出最优的飞行路线。此外，无人机的智能化还体现在其故障诊断与修复、紧急情况下自动返航等方面。

(4) 环保性能增强。在环保意识日益增强的今天，民用无人机的环保性能也在不断增强。一方面，在民用无人机的设计和制造过程中更多采用环保材料和技术，如可回收材料、低能耗电机等，以减少对环境的污染；另一方面，在民用无人机的应用过程中注重节能减排和生态保护。例如，在农业喷洒作业中，民用无人机通过精准控制喷洒量和喷洒范围，降低了农药和化肥的使用量，减轻了对土壤和水源的污染；在环境监测中，无人机能够及时发现并报告环境污染问题，为环保部门提供有力支持。

(5) 安全性显著提高。安全是民用无人机发展的首要前提。近年来，随着相关法规的完善和技术的进步，民用无人机的安全性得到了显著提高。其一，严格的实名登记制度和飞行许可制度确保了民用无人机的合法合规使用；其二，先进的飞行控制系统和避障技术使民用无人机能够在复杂环境中稳定飞行并避免碰撞；其三，专业的操控员培训和认证体系提高了操控员的操作技能和应急处理能力；其四，民用无人机的实时监控和追踪系统也为监管部门提供了有效的监管手段。这些措施共同构筑了民用无人机安全飞行的坚固防线。

二、了解无人机的概念与分类

无人机也叫作无人驾驶飞行器（简称 UAV），是一种不需要人驾驶就能自主飞行的飞行器。无人机按飞行平台类型、用途、飞行距离、任务高度、质量等方式可分为以下几类。

无人机的概念与分类

1.按飞行平台类型分类

按飞行平台类型的不同，无人机可分为旋翼无人机、固定翼无人机、无人飞艇、伞翼无人机、扑翼无人机等，其中旋翼无人机和固定翼无人机应用较多。

2.按用途分类

按用途的不同，无人机可分为民用无人机和军用无人机。

3.按飞行距离分类

按飞行距离的不同，无人机可分为超近程、近程、短程、中程和远程无人机。

4.按任务高度分类

按任务高度的不同，无人机可分为超低空、低空、中空、高空、超高空无人机。

5.按质量分类（民航管理规定）

按质量的不同，无人机可分为如表 1-1-1 所示的几类。

表 1-1-1　无人机按质量分类

分类等级	空机质量 /kg	起飞质量 /kg
I	\multicolumn{2}{c}{$0 < W \leqslant 0.25$}	
II	$0.25 < W \leqslant 4$	$1.5 < W \leqslant 7$
III	$4 < W \leqslant 15$	$7 < W \leqslant 25$
IV	$15 < W \leqslant 116$	$25 < W \leqslant 150$
V	\multicolumn{2}{c}{植保类无人机}	
XI	$116 < W \leqslant 5700$	$150 < W \leqslant 5700$
XII	\multicolumn{2}{c}{$W > 5700$}	

三、掌握无人机的结构与系统

无人机的结构与系统主要包括无人机机体、动力系统、飞控系统、通信链路系统、任务载荷系统等。

1. 机体

机体平台是无人机的主体结构，通常包括机身、机翼、尾翼、起落架等，是其他结构的安装基础，起承载作用。

2. 动力系统

动力系统是指为无人机飞行提供动力的系统，它是无人机能够持续飞行并完成各种任务的关键组成部分。根据动力装置的不同，无人机动力系统可以分为电动动力装置和油动动力装置两大类。电动动力装置以其环保、低噪音、维护简便的特点，广泛应用于轻小型无人机；而油动动力装置则凭借其强大的动力输出、长续航能力及适应复杂环境的能力，成为中大型无人机及特种任务无人机的首选。

3. 飞控系统

飞控系统（即飞行控制系统）是无人机的核心系统，用于稳定无人机的飞行姿态，控制无人机自主或半自主飞行，相当于无人机系统的"心脏"，对无人机的稳定性以及数据传输的可靠性、精确度、实时性等都有重要影响，对无人机的飞行性能起决定性作用。

4. 通信链路系统

通信链路系统可以保证无人机准确传输遥控指令以及无人机接收、发送信息的实时性和可靠性，保证无人机信息反馈的及时有效性和顺利、准确地完成任务。

5. 任务载荷系统

任务载荷系统是指装配在无人机平台上用于完成各种特定任务的设备，通常包括图传系统、云台系统、光电平台、SAR 雷达、激光测距仪等。

○ 练习题

根据本任务所学知识，阐述无人机的结构与系统构成。

练习题库：无人机
组装与调试基础知识

任务二　无人机组装与调试常用工具

本任务主要学习无人机组装与调试常用工具（包括常用修整工具、测量工具、紧固工具、电子工艺工具以及其他工具）的相关知识，旨在使学生了解和掌握每种工具的作用以及使用方法。

无人机组装与
调试常用工具

一、掌握常用修整工具

常用修整工具有斜口钳、剥线钳、手工锯和锉刀等，这些工具在无人机的维修工作中发挥着重要作用，可以有效地修复和保养无人机，确保其正常工作。

1. 斜口钳

斜口钳是小五金工具中的一种，也称作斜嘴钳，如图 1-2-1 所示，它的应用最为广泛，是日常生活和工作中不可缺少的工具。斜口钳主要用于剪切导线、元器件多余的引线，还常用来代替一般剪刀剪切绝缘套管、尼龙扎线卡等。

使用斜口钳时，将钳口朝内侧，便于控制钳切部位，用小指伸在两钳柄中间来抵住钳柄，张开钳头，这样分开钳柄可以灵活操作斜口钳。

图 1-2-1　斜口钳

2. 剥线钳

剥线钳是内线电工、电动机修理、仪器仪表电工常用的工具之一，用来剥除电线头部的表面绝缘层，如图 1-2-2 所示。剥线钳可以使得电线被切断的绝缘皮与电线分开，还可以防止触电。

使用剥线钳时，应根据电缆缆线的粗细、型号，选择相应的剥线刀口。首先将准备好的电缆放在剥线钳的刀刃中间，选择好要剥线的长度；然后握住剥线钳手柄，将电缆夹住，缓缓用力使电缆外表皮慢慢剥落；最后松开剥线钳手柄，取出电缆线。这时电缆金属整齐地露在外面，其余绝缘塑料完好无损。

图 1-2-2　剥线钳

3. 手工锯

手工锯是手动锯割的主要工具，可用于锯割零件的多余部分，锯断机械强度较大的金属板、金属棍或塑料板等，如图 1-2-3 所示。手工锯由锯条和锯弓组成，锯弓用以安装并张紧锯条，由钢质材料制成。锯条也由钢质材料制成，并经过热处理变硬。锯条的长度以两端安装孔的中心距离来表示，常用的是 300 mm 锯条。

使用手工锯时一般以右手为主，握住锯柄，加压力并向前推锯；以左手为辅，扶正锯弓。根据加工材料的状态 (如板料、管材或圆棒)，可以使锯做直线式或上下摆动式的往复运动。向前推锯时应均匀用力，向后拉锯时双手自然放松。快要锯断时，

图 1-2-3　手工锯

应注意轻轻用力。

4. 锉刀

在手工制作和加工零件时，如桌面机床加工、锯削加工、钻孔加工后会残留锋利的毛刺，如不去除，则容易割伤人或电线，还可能因材质结构（编织状）而损坏碳纤维，所以必须用锉刀将棱角打磨平整。常用的锉刀有什锦锉和普通锉，如图 1-2-4 所示。

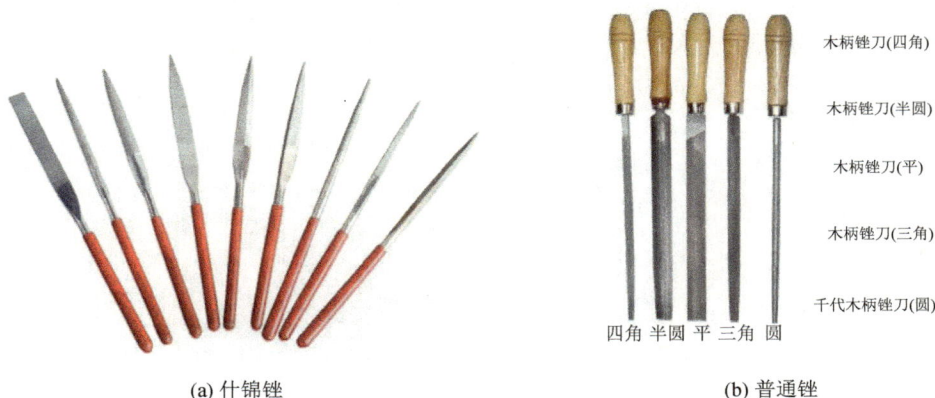

木柄锉刀(四角)

木柄锉刀(半圆)

木柄锉刀(平)

木柄锉刀(三角)

千代木柄锉刀(圆)

四角　半圆　平　三角　圆

(a) 什锦锉　　　　　　　　　　　　　　(b) 普通锉

图 1-2-4　锉刀

二、学习使用测量工具

在无人机的维修过程中，测量工具主要用来检测、定位无人机中的各种故障。常见的测量工具有游标卡尺、万用表和测电器。

1. 游标卡尺

游标卡尺是一种测量长度、内外径、深度的量具，由主尺和附在主尺上能滑动的游标尺两部分构成。主尺和游标尺上有两副量爪，分别是内测量爪和外测量爪，内测量爪通常用来测量内径，外测量爪通常用来测量长度和外径，如图 1-2-5 所示。

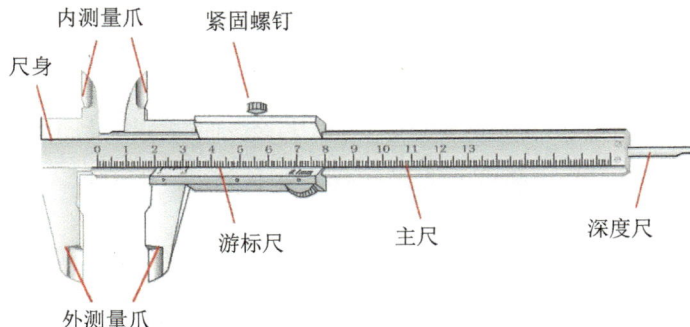

内测量爪　紧固螺钉

尺身

游标尺　主尺　深度尺

外测量爪

图 1-2-5　游标卡尺

主尺一般以毫米为单位。游标尺上有 10、20 或 50 个分格，根据分格的不同，游标卡尺可分为十分度游标卡尺、二十分度游标卡尺、五十分度游标卡尺等。

用游标卡尺测量时，右手拿住尺身，大拇指移动游标，左手拿待测外径（或内径）的物体，使待测物体位于外测量爪之间，当其与量爪紧紧相贴时，即可读数。当测量物体的外尺寸时，先把卡尺的活动量爪张开，使量爪能自由地卡进物体，把物体贴靠在固定量爪上，然后移动尺框，用轻微的压力使量爪接触物体。

2. 万用表

万用表的主要功能是测量电压、电阻和电流等，一般分为数字式万用表和机械式万用表，如图 1-2-6 所示。在无人机组装、调试与维修过程中经常需要使用万用表测量电池电压、飞控电源输入电压、电调线路电压、摄像头电压、图传电压等。

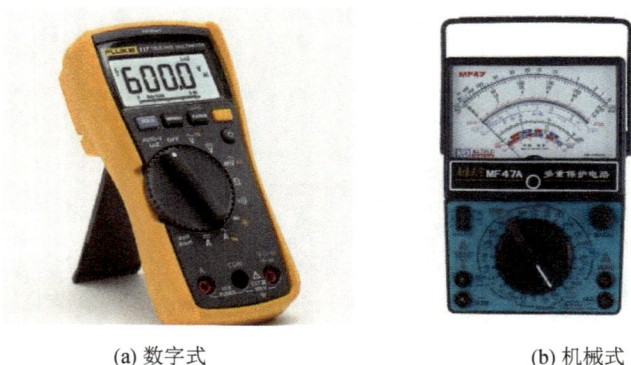

(a) 数字式 (b) 机械式

图 1-2-6　万用表

3. 测电器

测电器又称低电量报警器或 BB 响，是一种测量电池电压的工具，如图 1-2-7 所示。其外观从正面可以看到两个喇叭、一个显示屏、插脚针，喇叭之间是电压调节按钮。将其插在电池上，可以随时显示当前电压。若设置一个报警电压，则当电池电压低于设置电压时，测电器就会报警。

测电器用于检测 1～8S 的锂电池时，可自动检测锂电池每个电芯的电压和总电压，支持反向连接保护。因此我们可以随时随地了解电池的工作状态，使电池不会因过放或过充而损伤。

图 1-2-7　测电器

使用测电器时，将其正面拿在手上，可以看到其负极就是靠近大拇指的第一根脚针，直接将第一根脚针对应电池第一个插口插进去，可以听到两声"嘀嘀"，之后显示屏就会循环反复出现总电压、第一块电芯电压、第二块电芯电压……直到显示完毕每一块电芯电压，再重复显示。

三、了解紧固工具

紧固工具在无人机维修中扮演着至关重要的角色。无论是用于组装或维修无人机部件的螺丝刀、螺丝套件，还是用于紧固或拆卸螺栓的扳手，它们都是必不可少的紧固工具。通过正确使用紧固工具，维修人员能够确保无人机各部件之间的稳定连接，提高无人机的性能和安全性。

1. 螺丝刀

螺丝刀又称"起子"，是用来拧螺丝的工具。按不同的头型，螺丝刀可以分为一字、十字、米字、星形、方头、六角头和 Y 形头螺丝刀等，其中米字螺丝刀、一字螺丝刀、十字螺丝刀、内六角螺丝刀是生活中常用的，如图 1-2-8 所示。

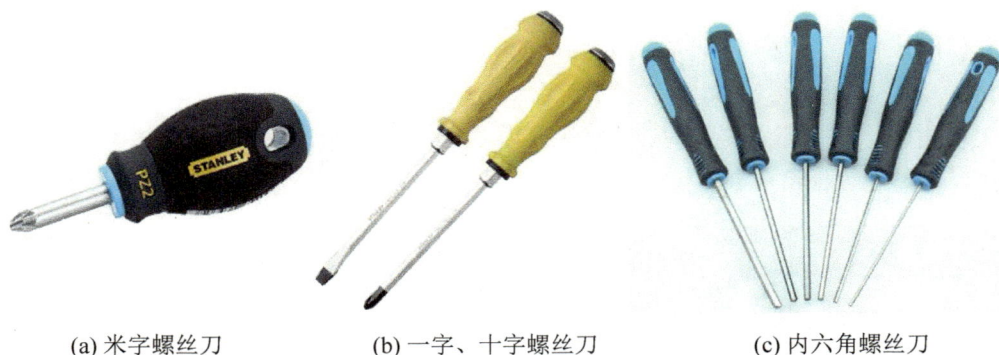

(a) 米字螺丝刀　　　　　　(b) 一字、十字螺丝刀　　　　　　(c) 内六角螺丝刀

图 1-2-8　螺丝刀

2. 扳手

1) 内六角扳手

内六角扳手如图 1-2-9 所示，利用它通过扭矩对螺丝施加作用力，可大大降低使用者的用力强度。

2) 活口扳手

活口扳手简称活扳手，是用来紧固和松开不同规格的螺母和螺栓的一种工具，如图 1-2-10 所示。活口扳手由头部和柄部构成，其开口宽度可在一定范围内调节，旋转涡轮可调节板口的大小。活口扳手规格以长度 × 最大开口宽度 (单位：mm) 表示。

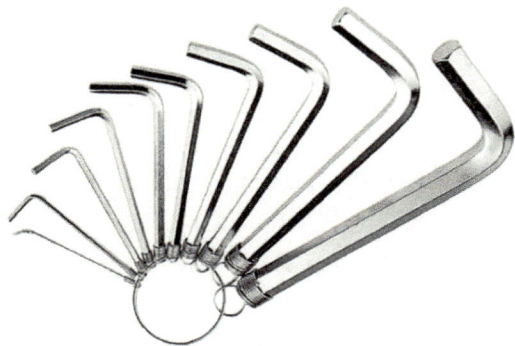

图 1-2-9　内六角扳手　　　　　　　　图 1-2-10　活口扳手

3. 钳子

1) 老虎钳

老虎钳又称钢丝钳、平口钳、综合钳，如图 1-2-11 所示，有不同的种类。用它可以把坚硬的细钢丝夹断，在工业、生活中都有广泛应用。钢丝钳由钳头和钳柄组成，钳头包括钳口、齿口、刀口和铡口。

使用老虎钳时，切记不可在没切断的情况下扭动钳子，否则容易使老虎钳崩牙或损坏。无论钢丝、铁丝或铜线，只要老虎钳能留下咬痕，然后用老虎钳前口的齿夹紧丝线，轻轻上抬或者下压丝线，就可以将其掰断，这样不但省力，而且对老虎钳没有损伤，可以有效延长其使用寿命。

2) 尖嘴钳

尖嘴钳又称修口钳、尖头钳、尖嘴钳，如图 1-2-12 所示，它是一种常用的钳形工具，由尖头、刀口和钳柄组成。

图 1-2-11　老虎钳　　　　　　　　　　　图 1-2-12　尖嘴钳

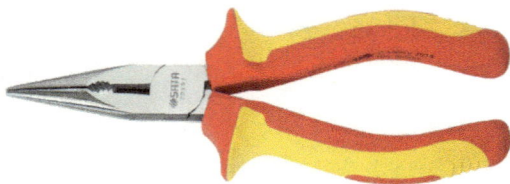

尖嘴钳钳柄上套有额定电压 500 V 的绝缘套管，主要用来剪切线径较细的单股与多股线，以及给单股导线接头弯圈、剥塑料绝缘层等，能在较狭小的工作空间进行操作，是电工尤其是内线器材等装配及修理工作的常用工具之一。

使用尖嘴钳时，一般用右手操作，握住尖嘴钳的两个手柄，进行夹持或剪切。注意刀口不要对向自己，使用完放回原处，放置在儿童不易接触的地方。

四、掌握电子工艺工具

电子工艺工具在无人机维修中发挥着至关重要的作用。这些工具包括手电钻、电烙铁、风枪焊台、热熔胶枪等，用于焊接电子元器件和电线。通过熟练运用电子工艺工具，维修人员能够修复无人机中的电路故障，确保电子设备的正常运行。

1. 手电钻

手电钻是进行手工制作、维修的必备工具，可用来钻孔、攻螺纹、拧螺丝等，常用的手电钻有充电式手电钻、插电式手电钻，如图 1-2-13 所示。

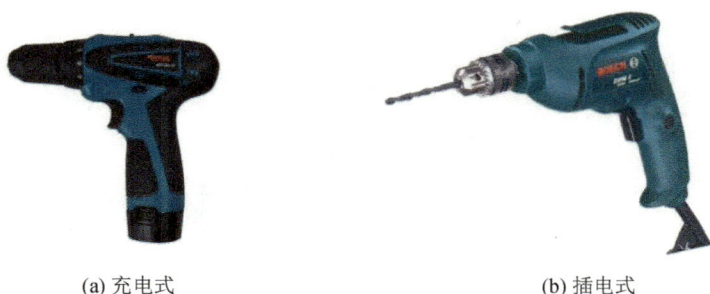

(a) 充电式　　　　　　　　　　　　　　(b) 插电式

图 1-2-13　手电钻

2. 电烙铁

电烙铁如图 1-2-14 所示，它是用来焊接电子元器件和导线的，是电子制作及维修过程中必不可少的工具。

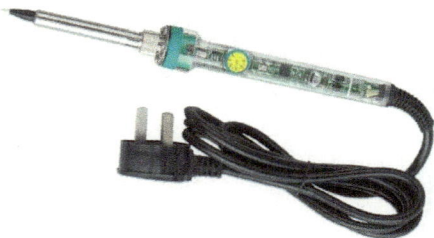

图 1-2-14　电烙铁

3. 风枪焊台

风枪焊台是将热风枪和电烙铁组合在一起的焊台，如图 1-2-15(a) 所示。热风枪主要是利用发热电阻丝枪芯吹出的热风来对电子元器件进行焊接与摘取的工具，如图 1-2-15(b) 所示。从本质上说，风枪焊台也是电烙铁的一种，其性能与电烙铁的区别主要是温度控制精准、升温快。

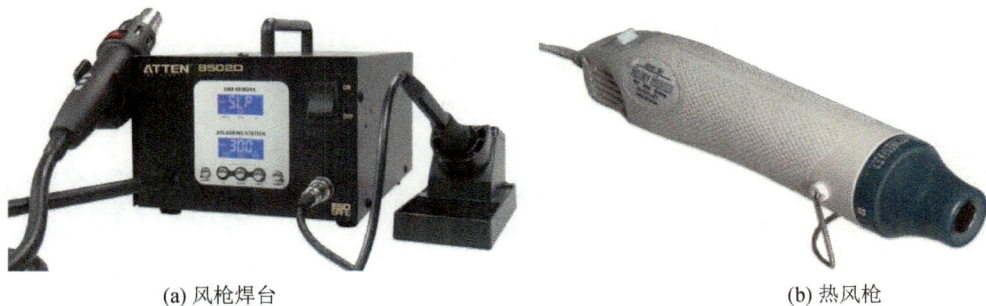

(a) 风枪焊台　　　　　　　　　　　　　　(b) 热风枪

图 1-2-15　风枪焊台

4. 热熔胶枪

热熔胶枪如图 1-2-16 所示，它是一款非常方便快捷的黏胶工具。相比液体胶水，热熔胶最大的优势是黏结的速度快、效率高，缺点是胶体比较重，对一些对起飞质量有严格要求的无人机来说不太适用。

图 1-2-16　热熔胶枪

五、了解其他工具

除了上述工具，一些其他工具在无人机组装与调试工作中也发挥着重要的作用，如桨平衡器、镊子等。

1. 桨平衡器

装在无人机上的螺旋桨高速旋转，转速高达数万转，如果桨的平衡性不好，就会影响无人机飞行的平稳性，产生振动、噪声等。因此，螺旋桨的动平衡和静平衡非常重要，良好的静平衡是动平衡的基础。桨平衡器如图 1-2-17 所示，它可以用来检测桨叶的静平衡。理想的静平衡状态是螺旋桨无论处于任何角度均能自行静止。如果某桨叶静止时一边的位置总是"下沉"，则应找出这个桨叶两边的差异并且进行修正、再试，直到合格。

无人机桨叶在生产制造完成后需要用桨平衡器来测桨平衡。

图 1-2-17　桨平衡器

2. 镊子

镊子如图 1-2-18 所示，是用于夹取块状药品、金属颗粒、毛发、细刺及其他细小东西的一种工具，也可用于手机维修和夹持导线、元器件及集成电路引脚等。不同的场合需要不同的镊子，一般有直头、平头、弯头镊子。

防静电镊子一般采用碳纤与特殊塑料混合制成，弹性好、经久耐用、不掉灰、耐酸碱、耐高温，可避免传统镊子因含炭黑而污染产品，适用于半导体、IC 等精密电子元器件的生产和使用。

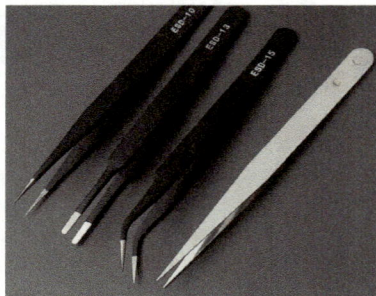

图 1-2-18　镊子

◯ 练习题

根据本任务所学知识，阐述桨平衡器的功能。

练习题库：无人机组
装与调试常用工具

任务三 无人机组装与调试常用材料

本任务主要学习无人机组装与调试过程中的常用材料，旨在使学生了解这些常用材料的特点及应用。

一、了解无人机常用材料

无人机组装与
调试常用材料

无人机常用的材料主要包括金属、塑料、复合材料等。金属材料如铝合金、钛合金等，具有较高的强度和刚性，适用于无人机框架、起落架等结构部件的制造。塑料材料如聚碳酸酯、尼龙等，具有质轻、绝缘性好等特点，常用于无人机机身、螺旋桨等部件的制造。复合材料由两种或多种材料组成，具有优异的力学性能和耐腐蚀性，广泛应用于无人机机身、机翼等关键部件的制造。

1. 碳纤维

1）概念

碳纤维也称为高强度高模量纤维，是指碳含量在 90% 以上的复合材料。其耐高温性居所有化纤材料之首，碳纤维是用腈纶和黏胶纤维作为原料，经高温氧化碳化而成的，是制造航天航空等领域的高技术器材的优良材料，碳纤维螺旋桨如图 1-3-1 所示。

图 1-3-1 碳纤维螺旋桨

2）特点

碳纤维性能比较优越，有"材料之王"的美誉，其主要的优点是强度高、模量大、密度低。碳纤维的强度大约是钢铁的 8 倍，密度只有钢铁的 1/4，所以它能实现轻量化的效果。除此之外，碳纤维还有一些其他优点，如耐磨损、耐腐蚀、导电导热性好等，所以它在很多领域都有应用。

3）应用

碳纤维主要应用在对于轻量化的要求特别高的航空航天领域，如飞机、导弹、卫星等飞行器等。除此之外，还应用于风电、汽车、体育用品等领域。

2. 玻璃纤维

玻璃纤维是一种性能优异的非金属材料，如图 1-3-2 所示。其主要成分为二氧化硅、氧化铝、氧化钙、氧化硼、氧化镁、氧化钠等。根据玻璃中碱含量的比例，玻璃纤维可分为无碱玻璃纤维、中碱玻璃纤维和高碱玻璃纤维等。其优点是耐高温、抗腐蚀、隔热、抗拉强度高、电绝缘性好、价格便宜；缺点是耐磨性差、有致癌物。

图 1-3-2　玻璃纤维棒

3. 塑料

塑料的原料是高分子聚合物，主要成分是树脂，如图 1-3-3 所示。它可被制成各种形状，并在一定条件下能保持形状不变。

图 1-3-3　塑料

大多数塑料质轻、化学性能稳定，不会产生锈蚀，耐冲击性好，具有较好的透明性和耐磨耗性，绝缘性好，着色性好，加工成本低。但塑料耐热性差、热膨胀率大、易燃烧；尺寸稳定性差、容易变形；多数塑料耐低温性差，低温下变脆，容易老化。

4. 铝合金

铝合金是以铝为基体并添加一定量其他合金元素的一种合金，铝合金材料如图 1-3-4 所示。由于添加了多种合金元素，因此铝合金也拥有多种元素的特性，目前在航空航天领域中广泛应用。铝合金的优点是质量轻、易回收、强度高、密闭性好、耐腐蚀等；缺点是易变形、易划伤。

图 1-3-4　铝合金材料

5. 轻木

轻木如图 1-3-5 所示，它可用于雕刻或作为模型飞机的骨架、手工材料等，又因其质地轻且坚韧，可用于制作化妆箱。除此之外，轻木还是一种保温性及隔热性优越的木材，轻木和铝板的合成材料可用于制造飞机的底板，轻木和不锈钢的合成材料不易产生静电，可用于制造液化气运输船的墙体，此外，船舶的救生艇也可用轻木制造。

图 1-3-5　轻木

6. 泡沫

泡沫材料是由大量气体分散于塑料固体中形成的一种高分子材料，又称为微孔塑料，其整体布满了无数互相连通或互不连通的微孔。无人机组装中常用的泡沫材料可分为 EPP

泡沫材料、EPO 泡沫材料、EPS 泡沫材料、KT 板等。其中，泡沫板如图 1-3-6 所示，其多用于小型固定翼无人机，具有重量轻、制作简单、相对耐摔、容易修复等特点。

图 1-3-6　泡沫板

二、了解插头的分类和使用

无人机插头是无人机系统中用于连接各部件的重要接口，其质量和性能对于无人机的正常飞行具有重要意义。无人机插头通常需要具备防水、防尘、耐磨损等性能，以适应无人机在不同环境下的工作需求。

1. T 型插头

T 型插头是一种大电流插头，如图 1-3-7 所示。由于两个导电金属部分一个横一个竖，因此称为 T 型插头，其绝缘体以黑色或红色为主，导体为黄铜材质，是大功率电池的理想插头。

2. 香蕉插头

香蕉插头简称香蕉头，它是一种快速插拔的电源接头，如图 1-3-8 所示。香蕉插头成对使用，一头凸出的为公头，凹进去的为母头。其主要参数是直径和允许电流。

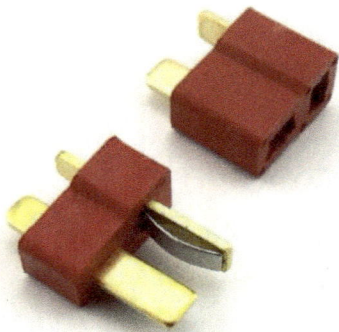

图 1-3-7　T 型插头　　　　　　　　　图 1-3-8　香蕉插头

3. XT 系列插头

XT 插头里面是 3.5 mm 的香蕉头，外壳一边是斜边，另一边是直边，具有防反插功能，通常作为电源转接头使用，它是无人机供电系统经常使用的一种插头，如图 1-3-9 所示。

4. EC 系列插头

EC 插头是一种常用的电源连接器，主要用于连接电子设备、计算机、音响、通信设备等设备的电源线，如图 1-3-10 所示。

图 1-3-9　XT 系列插头

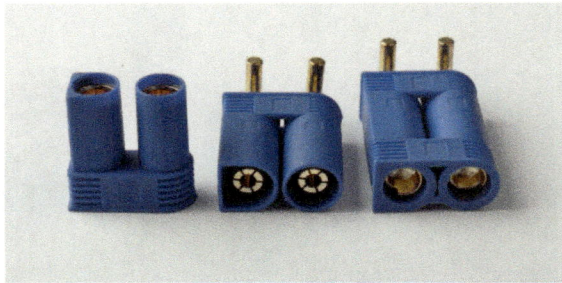

图 1-3-10　EC 系列插头

EC 插头为圆柱形插头，其优点是连接稳固、接触良好、插拔方便、结构简单、易于安装、可靠性高，具有防水、防尘、防火等良好的特性，并且可以连接多种电器、电子设备，使用范围广。

5. JST 系列插头

JST 插头如图 1-3-11 所示，它是一种小电流的电源插头，成对使用，正反面形状不一样，具有防接反功能，通常用于无人机遥控器连接电池的插头。

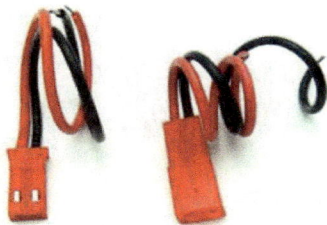

图 1-3-11　JST 插头

6. 杜邦线

杜邦线如图 1-3-12 所示，它有多种型号，有独立一根一根的，也有组合在一起的。无人机常用的有 3 根组合的 3P 杜邦线，也就是电调上较细的白红黑 3 色排线，用于电调和飞控的连接、接收机的连接等。

图 1-3-12　杜邦线

7. 平衡头

平衡头如图 1-3-13 所示，它主要用于锂电池的平衡充电。一般 2s1p 锂电池拥有 2 根红线加 1 根黑线，4s1p 电池拥有 4 根红线加 1 根黑线。

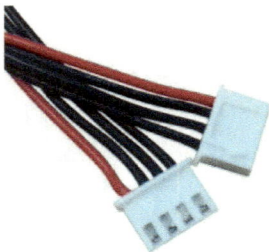

图 1-3-13　平衡头

三、了解 AWG 硅胶线

AWG(American Wire Gauge) 是硅胶线是一种高温电线，通常由铜丝和硅橡胶制成，如图 1-3-14 所示。AWG 一种电线尺寸标准，硅胶线在该标准下的尺寸通常为 22AWG、24AWG、26AWG 和 28AWG，它们的直径分别为 0.644 mm、0.511 mm、0.404 mm 和 0.320 mm。

图 1-3-14　AWG 硅胶线

硅胶线因其较高的绝缘性能和良好的耐高温特性而受到青睐，通常可在 −60 ～ +200℃ 范围内使用。它能够承受高温环境下的电流负荷，具有优异的抗老化和抗氧化性，能够抵御化学腐蚀，耐磨性好，同时硅胶线柔软、耐弯曲和易剥线，方便使用和安装。

AWG 硅胶线常用于飞行器、机器人和其他电子设备的维修和制造，特别是用在高温环境或高功率设备中的电力传递和控制回路中，如电机、控制系统、传感器、电源等，亦能作为信号线或市电系统中的输电线。

四、了解黏合剂

无人机黏合剂在无人机组装与调试中扮演着重要的角色。作为一种高强度、耐久性好的黏合材料，无人机黏合剂可用于修复无人机部件的破损、裂纹和缝隙，提高无人机的性能和安全性。常见黏合剂有热熔胶、纤维胶带、泡沫胶等。

1. 热熔胶

热熔胶如图 1-3-15 所示，是一种具有可塑性的无毒无味的绿色环保胶黏剂，它需配合热熔胶枪使用。在一定温度范围内，热熔胶的物理状态随温度变化而变化，而化学特性保持不变，可用于塑料、电气元器件、泡沫板的黏合。

图 1-3-15　热熔胶

2. 纤维胶带

纤维胶带以 PET 为基材，内有增强的聚酯纤维线，涂覆特殊的压敏胶制作而成，如图 1-3-16 所示。它主要用于修补干板墙、石膏板接缝、各种墙体的裂缝及其他破损。

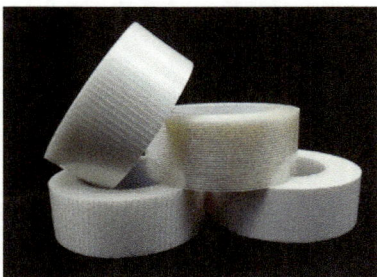

图 1-3-16　纤维胶带

纤维胶带具有极高的耐断裂强度、优异的耐磨性能及抗潮能力，其特有的压敏胶层具有优异的持久黏合力和特殊性能，可以满足各种不同场合的使用需求。

3. 泡沫胶

泡沫胶如图 1-3-17 所示，它常用于泡沫材料的黏合，具有黏合强度高的特点，在固定翼航模装调中经常使用。

图 1-3-17　泡沫胶

五、了解理线带

无人机理线带是用于整理和保护无人机线路的重要配件，它可以有效地减少无人机线路的混乱，提高无人机的安全性和可靠性。

1. 尼龙扎带

尼龙扎带如图 1-3-18 所示，它具有良好的耐酸性、耐腐蚀性、绝缘性，不易老化，承受能力强，可用于无人机组装与调试时线路的固定、零配件的固定等，具有绑扎快速、绝缘性好、使用方便等特点。

图 1-3-18　尼龙扎带

2. 魔术绑带

魔术绑带是一种具有可重复使用性和可调节性的绑扎工具，如图 1-3-19 所示。通常将魔术绑带设计成两侧带有钩和环的样式，这样可以快速地将物体绑扎在一起。较之传统绑带，魔术绑带具有更强的可重复使用性和可调节性。

图 1-3-19　魔术绑带

在无人机组装与调试中，魔术绑带可以将遥控器和无人机机身上的电线安全地固定在正确的位置。此外，魔术绑带也可以用来固定电池和摄像机等设备，以确保设备稳定、安全地工作。

3. 魔术贴

魔术贴也称魔术粘、魔鬼粘、魔鬼毡、尼龙搭扣，它是一种纤维紧固物，如图 1-3-20 所示。在无人机组装与调试时，它可用来粘贴需要常拆装的物品，如电池、U-BOX(记录飞行时长的搭载设备) 等。

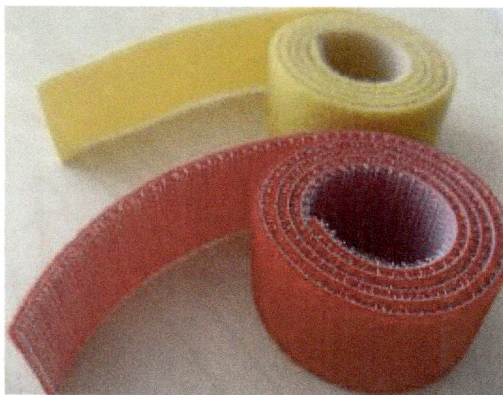

图 1-3-20　魔术贴

六、了解焊接所需材料

无人机焊接所需材料主要包括焊锡、热缩管、助焊剂等。

1. 焊锡

焊锡又称焊锡丝、锡线、锡丝，由锡合金和助焊剂两部分组成，如图 1-3-21 所示。在电子元器件的焊接中，焊锡需要与电烙铁配合使用，电烙铁提供稳定持续的熔化热量，焊锡作为金属填充物加到电子元器件的表面和缝隙中。它是固定电子元器件的主要材料。

2. 热缩管

热缩管及热缩材料也称为高分子记忆材料，在无人机线材焊接中起到非常重要的作用，其外观如图 1-3-22 所示。

图 1-3-21　焊锡

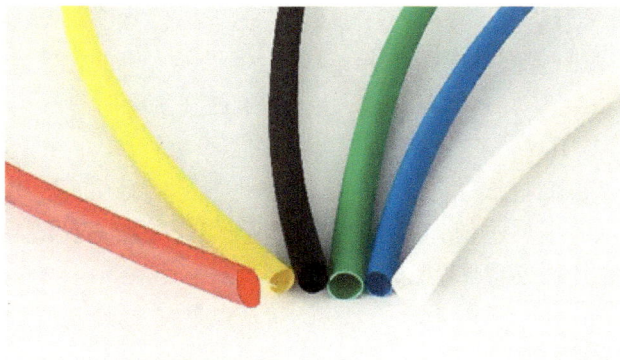

图 1-3-22　热缩管

热缩管普遍用在线束、电缆、高低压电气柜、变电站等需要绝缘防护的地方，主要作用是线缆的绝缘、密封与防护。

3. 助焊剂

助焊剂是一种促进焊接的化学物质。助焊剂可防止焊接时物体表面的再次氧化，降低焊料表面的张力，提高焊接性能。助焊剂中主要起作用的成分是松香。助焊剂可分为固体、液体和气体。常用的助焊剂有松香、焊油。

1) 松香

松香主要是在电路板焊接时作为一种助焊剂，如图 1-3-23 所示。它具有除去氧化膜、防氧化、减少焊料熔化后的表面张力、增加焊锡的流动性等作用，可使焊点更加完美。

2) 焊油

焊油是在焊接工艺中帮助和促进焊接过程同时具有保护作用、阻止氧化反应的一种化学物质，如图 1-3-24 所示。

焊油具有辅助热传导、去除氧化物、降低被焊接材质表面张力、去除被焊接材质表面油污、增大焊接面积、防止再氧化等作用。

图 1-3-23　松香

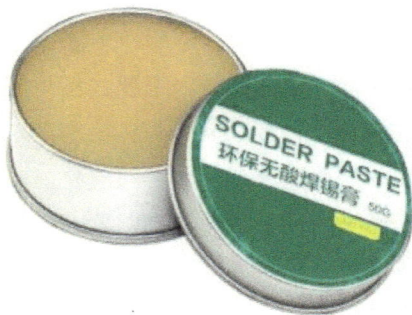

图 1-3-24　焊油

练习题

根据本任务所学知识，想一想焊接所需材料除了本任务中列举的几种还有哪些。

练习题库：无人机组装与调试常用材料

任务四　无人机焊接技术

本任务主要学习无人机焊接技术，包括手工焊接工艺和手工拆焊工艺，旨在使学生了解电烙铁和焊锡的正确用法，掌握手工拆焊工具的使用方法。

无人机焊接技术

一、掌握手工焊接工艺

手工焊接工艺是利用电烙铁实现金属之间牢固连接的一项工艺技术。这项工艺看起来很简单，但要保证焊接的高质量却相当不容易，因为手工焊接的质量受诸多因素的影响，因此必须经过大量实践，不断积累经验才能真正掌握这项工艺技术。手工焊接是电子产品装配中的一项基本操作技能，适用于产品的试制、电子产品小批量生产、电子产品的调试与维修以及某些不适合自动焊接的场合。

手工焊接工艺

1. 电烙铁的握法

手工焊接作业时，一般用右手握住电烙铁手柄距金属部分约 2～3 cm 处，双手不要靠在桌面上，以免影响动作的灵活性。电烙铁的握法有握笔法、正握法和反握法三种，如图 1-4-1 所示。

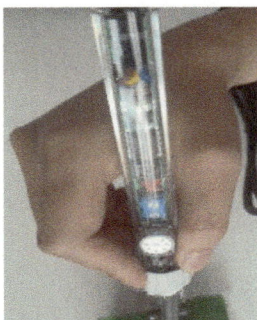
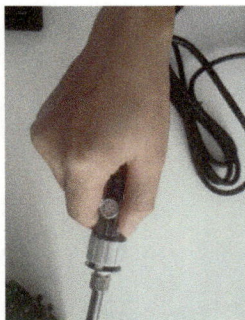
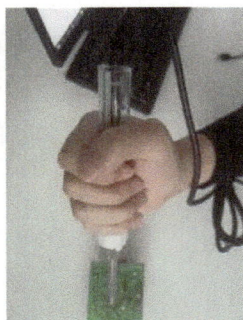

| (a) 握笔法 | (b) 正握法 | (c) 反握法 |

图 1-4-1　电烙铁的握法

1) 握笔法

握笔法是最常用的电烙铁握法，即用握笔的方式握电烙铁，此法适用于在操作台上对 PCB 上的电子元器件进行焊接。

2）正握法

正握法适用于中功率电烙铁或带弯头电烙铁的操作。

3）反握法

反握法是用五指把电烙铁的隔热把柄握在掌内，此法适用于大功率电烙铁焊接散热量较大的器件。反握法动作稳定，长时间操作不易疲劳。

2. 焊锡丝的拿法

手工焊接作业时，一般用左手的拇指与食指夹住焊锡丝距前端 4 ～ 5 cm 处。拿焊锡丝的方法一般有两种。

1）连续锡丝拿法

连续锡丝拿法是用拇指和食指夹住焊锡丝，其余手指配合拇指和食指把焊锡丝连续向前送进，如图 1-4-2 所示。此法适用于成卷焊锡丝的手工焊接作业。

2）断续锡丝拿法

断续锡丝拿法是用拇指、食指和中指夹住焊锡丝，如图 1-4-3 所示。采用这种拿法时，不能连续向前送进焊锡丝，它适用于小段焊锡丝的手工焊接作业。

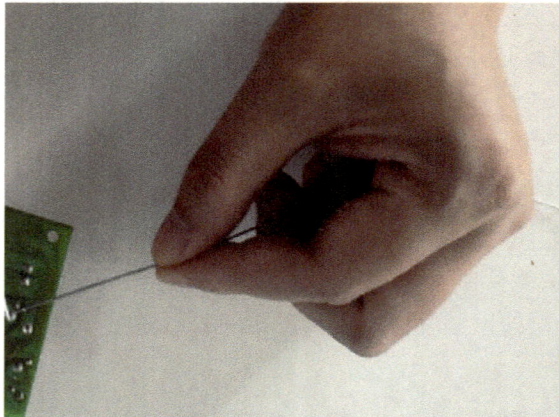

图 1-4-2　连续锡丝拿法　　　　　　图 1-4-3　断续锡丝拿法

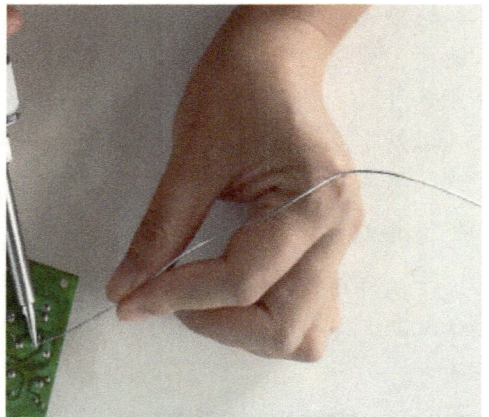

3. 手工焊接操作步骤

焊接五步法是常用的基本焊接方法，适合于焊接热容量大的焊件，如图 1-4-4 所示。

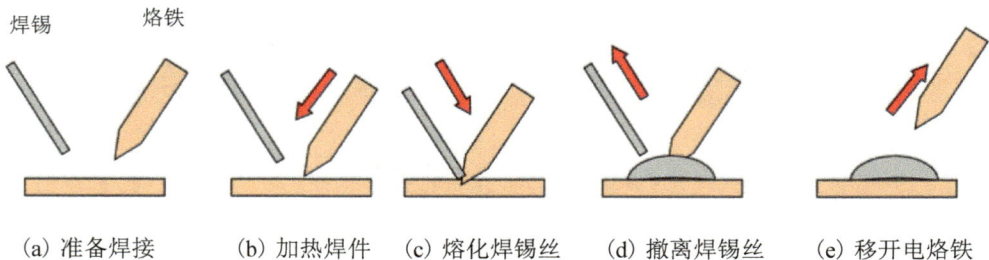

（a）准备焊接　　（b）加热焊件　　（c）熔化焊锡丝　　（d）撤离焊锡丝　　（e）移开电烙铁

图 1-4-4　焊接五步法

焊接五步法操作步骤如下。

步骤 1：准备焊接。

在进行焊接之前，检查电烙铁，烙铁头要保持清洁，处于带锡状态，即可焊状态。一般左手拿焊锡丝，右手拿电烙铁，将烙铁头和焊锡丝靠近，处于随时可以焊接的状态，同时认准位置。

步骤 2：加热焊件。

用烙铁头接触待焊元器件的焊点，将上锡的烙铁头沿 45°角的方向贴紧被焊元器件引线进行加热，使焊点升温。

步骤 3：熔化焊锡丝。

待元器件引线加热到能熔化焊锡的温度后，沿 45°角的方向及时将焊锡丝从烙铁头的对侧触及焊接处的表面，接触焊件熔化适量焊锡。

步骤 4：撤离焊锡丝。

当焊锡丝熔化一定量后，迅速移开焊锡丝。

步骤 5：移开电烙铁。

焊点上的焊锡接近饱满且充分浸润焊盘和焊件后，沿 45°角的方向移开电烙铁，这样可以形成一个光亮圆滑的焊点。完成焊接一个焊点全过程所用的时间约为 3 ～ 5 s 最佳，时间不能过长。

对于焊接热容量较小的焊件，可以采取焊接三步法操作：准备焊接→加热焊接部位并同时供给焊锡→移开焊锡丝并同时移开电烙铁，如图 1-4-5 所示。

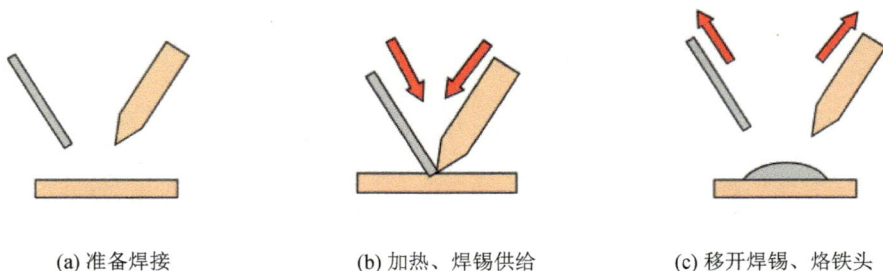

(a) 准备焊接　　　　　　　(b) 加热、焊锡供给　　　　　　(c) 移开焊锡、烙铁头

图 1-4-5　焊接三步法

4. 焊点质量

1) 焊点的质量要求

合格的焊点应满足以下要求：

(1) 可靠的电气性能。良好的焊点应该具备可靠的电气性能，不允许出现虚焊、桥联等不良现象。

(2) 足够的机械强度。焊接不仅起到电气连接的作用，同时也要固定元器件、保证机械连接，这就是机械强度。焊料多，机械强度高；焊料少，机械强度低。但焊料过多容易造成桥接短路的故障。

通常焊点的连接形式与机械强度有一定的关系。焊点的连接形式有四种：插焊、弯焊、绕焊和搭焊，如图 1-4-6 所示。

| (a) 插焊 | (b) 弯焊 | (c) 绕焊 | (d) 搭焊 |

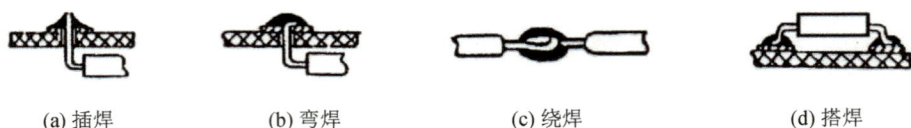

图 1-4-6　焊点的连接形式

（3）外形美观。一个良好焊点的外观应该是明亮、清洁、平滑、焊锡量适中并呈裙状拉开的，焊锡与被焊件之间没有明显的分界。

2）焊点的不良现象以及危害

焊点的不良现象有：冷焊、脱焊、包焊、连焊、空焊、虚焊、针孔、拉尖、毛刺、少锡、松动和过热。焊点不良现象的外观特点及其危害详见表 1-4-1。

表 1-4-1　焊点不良现象的外观特点及其危害

焊点的不良现象	外观及特点		危害	不良原因
	外观示例	外观特点		
冷焊		表面呈豆腐渣状颗粒，有的有裂纹	机械强度低，导电性能差	焊料凝固前焊件拌动
脱焊		焊点与焊盘无接触	不能正常工作	焊盘氧化或没清洁好，助焊剂质量差
包焊		焊锡过多导致无法看见元器件引线，甚至连元器件引线的棱角都看不到	浪费焊料，且可能存在缺陷	焊料过多或锡丝撤离过迟
连焊		相邻焊盘连焊	电气短路	焊料过多或锡丝撤离角度不当
空焊		元器件引线或焊盘不上锡，元器件引线或焊盘上一半锡	机械强度低，导电性能差，电路不通或时通时断	元器件引线或焊盘氧化，助焊剂质量差

续表

焊点的不良现象	外观及特点		危害	不良原因
	外观示例	外观特点		
虚焊		焊锡与元器件引线或与铜箔之间未能焊接完全并且有明显黑色界限、凹陷	不能正常工作	元器件引线或焊盘氧化，助焊剂质量差
针孔		目测或用低倍放大镜可见焊点有孔	机械强度低，焊点容易腐蚀	元器件引线或焊料污染不洁
拉尖		元器件顶部有焊锡拉出呈尖形	锡尖高度影响安装、容易打火	烙铁不洁或移开过快使焊处未达到焊锡温度，焊锡沾上烙铁头跟着移动而形成
毛刺		焊点表面不光滑，有毛刺或呈颗粒状态	机械强度低，锡尖容易打火	焊接时间不足，加热不足，或助焊剂已失效
少锡		焊料未形成平滑的过渡面	机械强度低	焊锡流动性差或焊锡丝撤离过早，助焊剂不足或焊接时间太短
松动		元器件引线或导线可能移动	导电性能差或者断路	焊锡未凝固前元件或导线移动造成空隙，元器件引线或导线氧化不上锡
过热		焊点发白，无金属光泽，表面较粗糙	焊盘容易剥落，机械强度低	温度过高，加热时间过长

5. 手工焊接技巧

(1) 保持烙铁头清洁。焊接时，由于烙铁头长期处于高温状态，又接触助焊剂等酸性物质，其表面很容易氧化并沾上一层黑色杂质，因此要注意随时在烙铁架上蹭去杂质。用一块湿布或湿海绵随时擦拭烙铁头也是常用的方法之一。

(2) 加热要靠焊锡桥。

(3) 采用正确的撤离电烙铁方式，要及时撤离电烙铁。

(4) 焊锡用量要适中，助焊剂量要适中，不要用烙铁头作为运载焊料的工具。

二、掌握手工拆焊工艺

拆焊又称为解焊。在调试、维修或焊错的情况下，需要将已焊接的连线或元器件拆卸下来，这个过程就是拆焊。拆焊是焊接技术的一个重要组成部分。在实际操作中，拆焊比焊接更难，更需要使用恰当的方法和工具。

1. 手工拆焊工具

除普通电烙铁外，常用的拆焊工具还有以下几种。

1) 空心针管

空心针管是使印制电路板上的元器件引线与焊盘分离的工具。实际上它是一根空心的不锈钢管，如图 1-4-7 所示，一般可用 16 号医用空心针头改制，将其头部挫平，尾部装上适当长的手柄，作为拆焊工具。一盒空心针管按粗细分有多种型号，可根据元器件引线的粗细来选择。

2) 吸锡器

吸锡器是用来吸取印制电路板上焊盘焊锡的工具，如图 1-4-8 所示，它一般与电烙铁配合使用。

图 1-4-7　空心针管

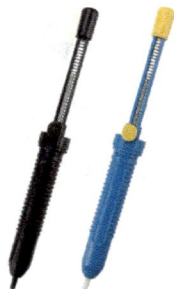

图 1-4-8　吸锡器

3) 镊子

拆焊最好选用端头较尖的不锈钢镊子，它可以用来夹住元器件引线，挑起元器件引线或线头。

4) 吸锡绳

吸锡绳一般可以将多股细软铜丝线截取一小段扒掉绝缘皮自制而成，也可以用连接桥架的铜铝编织线，要结合使用松香进行拆焊，拆焊效果较好。

5) 吸锡电烙铁

吸锡电烙铁是一种专用拆焊烙铁，它与普通电烙铁不同的是其烙铁头是空心的，而且多了一个吸锡装置，如图 1-4-9 所示。

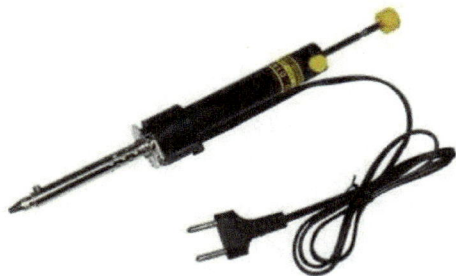

图 1-4-9　吸锡电烙铁

2. 手工拆焊方法

1) 用镊子进行拆焊

在没有专用拆焊工具的情况下，可用镊子进行拆焊，其方法简单，是拆焊印制电路板上元器件常用的方法，由于焊点形式不同，其拆焊方法也不同。

镊子拆焊

(1) 分点拆焊方法。对于印制电路板上引线之间焊点距离较大的元器件，拆焊时相对容易，一般采用分点拆焊的方法，操作过程如下：

① 固定印制电路板，同时用镊子从元器件面夹住被拆元器件的一根引线。

② 用电烙铁对被夹引线上的焊点进行加热，熔化该焊点的焊锡。

③ 待焊点上焊锡全部熔化，将被夹的元器件引线轻轻从焊盘孔中拉出。

④ 用同样的方法拆焊被拆元器件的另一根引线。

⑤ 用烙铁头消除焊盘上多余焊料。

(2) 同时加热方法。拆卸引线较多、较集中的元器件时 (如天线圈、振荡线圈等)，采用同时加热的方法比较有效，其操作过程如下：

① 用较多的焊锡将被拆元器件的所有焊点连在一起。

② 用镊子钳夹住被拆元器件。

③ 用内热式电烙铁头对被拆焊点连续加热，使被拆焊点同时熔化。

④ 待焊锡全部熔化后，用镊子将元器件从焊盘孔中轻轻拉出。

⑤ 清理焊盘，用一根不沾锡的 $\phi 3\,\mathrm{mm}$ 的空心针管从焊盘面插入焊孔中，如焊锡封住焊孔，则需用烙铁熔化焊点。

2) 用吸锡工具进行拆焊

(1) 用专用吸锡电烙铁进行拆焊。对焊锡较多的焊点，可采用吸锡电烙铁去锡脱焊。拆焊时，吸锡电烙铁加热和吸锡同时进行，其操作过程如下：

工具拆焊

① 吸锡时，根据元器件引线的粗细选用锡嘴的大小。

② 吸锡电烙铁通电加热后，将活塞柄推下卡住。

③ 吸锡嘴垂直对准吸点，待焊锡熔化后，再按下吸锡电烙铁的控制按钮，焊锡即被吸进烙铁中。反复几次，直至元器件从焊点中脱离。

(2) 用吸锡器进行拆焊。吸锡器是专用拆焊工具，装有一种小型手动空气泵，如图 1-4-10 所示。其拆焊过程如下：

① 将吸锡器的吸锡压杆压下。

② 用电烙铁将需要拆焊的焊点焊锡熔化。

③ 将吸锡器的吸锡嘴套入需拆焊的元器件引线，并没入熔化的焊锡。

④ 按下吸锡按钮，吸锡压杆在弹簧的作用下迅速复原，完成吸锡动作。如果一次吸不干净，可多吸几次，直到焊盘上的锡被吸净，而使元器件引线与铜箔脱离。

图 1-4-10　吸锡器

(3) 用吸锡带进行拆焊。吸锡带是一种通过毛细吸收作用吸取焊料的细铜丝编织带，使用吸锡带去锡脱焊，操作简单，效果佳。其拆焊操作过程如下：

① 将铜编织带（或专用吸锡带）放在需拆焊的焊点上。

② 用电烙铁对吸锡带和焊点进行加热。

③ 焊料开始熔化，焊点上的焊锡逐渐熔化并被吸锡带吸去。

④ 如没完全吸除被拆焊点，则可重复进行。每次拆焊时间约为 2 ～ 3 s。

注意：

① 对被拆焊点的加热时间不宜过长。当焊料熔化时，及时将元器件引线沿着与印制电路板垂直的方向拨出。

② 尚有焊点的焊锡没有被熔化的元器件，不能强行用力拉动、摇晃和扭转，以免造成元器件或焊盘的损坏。

③ 拆焊完毕，必须把焊盘孔内的焊料清除干净。

(4) 拆焊技术的操作要领。

① 严格控制加热的时间与温度。一般元器件及导线绝缘层的耐热较差，受热易损元器件对温度更是十分敏感。在拆焊时，如果时间过长，则温度过高会烫坏元器件，甚至会导致电路板焊盘翘起或脱落，进而给装配造成很多麻烦。因此，一定要严格控制加热的时

间与温度。

② 拆焊时不要用力过猛。在受热情况下，塑料密封元器件、陶瓷器件和玻璃端子等的强度都有所降低，拆焊时用力过猛会引起元器件与引线脱离或铜箔与印制电路板脱离。

③ 不要强行拆焊。不要用电烙铁去撬或晃动焊点，不允许用拉动、摇动或扭动等办法去强行拆除焊点。

3. 手工拆焊注意事项

各类焊点的拆焊方法和注意事项见表 1-4-2。

表 1-4-2　各类焊点的拆焊方法和注意事项

焊点类型		拆焊方法	注意事项
引线焊点拆焊		首先用烙铁头去掉焊锡，然后用镊子撬起引线并抽出。如焊接引线用的是缠绕的焊接方法，则要将引线用工具拉直后再抽出	撬、拉引线时不要用力过猛，也不要用烙铁头乱撬，要先理清引线的方向
引线不多的元器件的焊点拆焊		采用分点拆焊法，用电烙铁直接进行拆焊。一边用电烙铁对焊点加热至焊锡熔化，一边用镊子夹住元器件的引线，轻轻地将其拉出来	这种方法不宜在同一焊点上多次使用，因为印制电路板上的铜箔经过多次加热后很容易与绝缘板脱离而造成电路板损坏
有塑料骨架的元器件的拆焊		由于元器件骨架耐高温性能差，因此可以采用间接加热法拆焊。拆焊时，先用电烙铁加热焊点以除去焊点的焊锡，露出引线的轮廓，再用镊子或捅针挑开焊盘与引线间的残留焊锡，最后用烙铁头对已挑开的个别焊点加热，待焊锡熔化时，迅速拔下元器件	不可长时间对焊点加热，防止塑料骨架变形
焊点密集的元器件的拆焊	采用空心针管	使用电烙铁除去焊点的焊锡，露出引线的轮廓。选用直径合适的空心针管，将针孔对准焊盘上的引线。待电烙铁将焊锡熔化后迅速将针管插入电路板的焊孔并左右旋转，这样元器件的引线便和焊盘分开了。 优点：引线和焊点分离彻底，拆焊速度快。适合体积较大的元器件和引线密集元器件的拆焊； 缺点：不适合双联电容器等引线呈扁片状元器件的拆焊，不适合如导线这样不规则引线的拆焊	① 选用直径合适的空心针管。若直径小于引线，则针管插不进焊孔；若直径大于引线，则针管在旋转时很容易使焊点的铜箔和电路板分离而损坏电路板； ② 在拆焊集成电路等引线密集的元器件时，应首先使用电烙铁除去焊点的焊锡，露出引线的轮廓，以免连续拆焊过程中残留焊锡过多而对其他引线拆焊造成影响； ③ 拆焊后，若有焊锡将引线插孔封住，则可用铜针将其捅开

续表

焊点类型		拆焊方法	注意事项
	采用吸锡电烙铁	吸锡电烙铁具有焊接和吸锡双重功能。在使用时，只要把烙铁头靠近焊点，待焊锡熔化后按下按钮，即可把熔化的焊锡吸入储锡盒内	—
	采用吸锡器	吸锡器本身不具备加热功能，它需要与电烙铁配合使用。拆焊时，先用电烙铁对焊点进行加热，待焊锡熔化后撤去电烙铁，再用吸锡器将焊点上的焊锡吸除	撤去电烙铁后，要将吸锡器迅速地移至焊点吸锡，避免焊点再次凝固而导致吸锡困难
	采用吸锡绳	使用电烙铁除去焊点的焊锡，露出导线的轮廓。将在松香中浸过的吸锡绳贴在待拆焊点上，用烙铁头加热吸锡绳，通过吸锡绳将热量传导给焊点熔化焊锡，待焊点上的焊锡熔化并吸附在锡绳上，抻起吸锡绳。如此重复几次即可把焊锡吸完。此方法在高密度焊点拆焊操作中具有明显优势	可以自制吸锡绳，方法是将多股胶质电线去皮后拧成绳状（不宜拧得太紧），再加热吸附上松香助焊剂即可

练习题

根据本任务所学操作步骤和方法，进行焊接和拆焊操作练习。

实训任务单：
无人机焊接技术

练习题库：无人机
焊接技术

任务五　无人机部件焊接

本任务主要学习无人机部件焊接的相关知识以及焊接工艺在无人机组装和调试中的应用，有助于学生按照要求和规范完成无人机专用插头的焊接。

无人机部件焊接

一、了解焊接注意事项

在焊接无人机部件时，需要注意以下几点：

(1) 一般应选用内热式电烙铁 (20 ~ 35 W) 或调温式电烙铁，电烙铁的温度不宜超过300℃。电烙铁头的形状应根据印制电路板上焊盘大小采用凿形或锥形。目前印制电路板的发展趋势是小型密集化，因此一般常用小型圆锥电烙铁头。

(2) 加热时应尽量使烙铁头同时接触印制电路板上的铜箔和元器件引线。对较大的焊盘 (直径大于 5 mm)，焊接时可移动电烙铁，使电烙铁绕焊盘转动，以免长时间停留于一点，导致局部过热。

(3) 由于焊锡丝成分中铅占有一定的比例，而铅是对人体有害的重金属，因此操作时应戴手套或操作后洗手，以避免食入铅。

(4) 加热助焊剂时挥发出来的化学物质对人体是有害的，如果在操作时人的鼻子距离烙铁头太近，则容易将有害气体吸入。一般地，人的鼻子应距离电烙铁不小于 30 cm，通常以 40 cm 为宜，或配置抽风吸烟罩。

(5) 焊接时不要用烙铁头摩擦焊盘的方法增加焊料润湿性能，而要靠表面清理和预焊。

(6) 使用电烙铁要配置烙铁架，一般将烙铁架放置在工作台右前方，使用电烙铁后，一定要将其稳妥地放于烙铁架上，注意导线等物不要触碰烙铁头。

二、掌握无人机专用插头的焊接方法

本任务主要学习焊接香蕉插头和 XT60 插头的操作步骤和方法。

1.香蕉插头的焊接

提前准备好焊接要用到的工具和材料，包括尖头电烙铁、焊锡丝、香蕉插头、待焊接导线、热缩管、剥线钳等。下面介绍焊接香蕉插头的操作步骤和方法。

步骤 1：使用剥线钳将导线外皮剥开约 1 cm 并涂上焊锡，以便更好地连接。

步骤 2：将需要焊接的香蕉头固定（如图 1-5-1 所示）并预热尖头电烙铁，再给导线外套上热缩管。

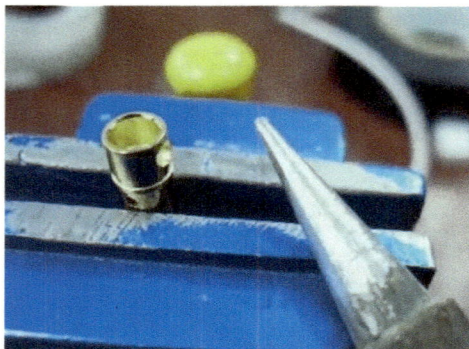

图 1-5-1　固定香蕉头

步骤 3：将电烙铁从香蕉头侧面的圆孔中伸入进行加热，同时从上方添加焊锡，如图 1-5-2 所示。

图 1-5-2　加热焊锡

步骤 4：待熔化的焊锡量足够后，从上方放入电机导线，保持一段时间，等待焊锡充分填充到导线中，如图 1-5-3 所示。

图 1-5-3　放入导线

步骤 5：从侧面取出电烙铁，等待焊锡冷却。

步骤 6：在香蕉头外面套上热缩管，使用热风枪将热缩管紧固在插头上。

注意：热缩管是在焊接导线之前提前插在导线上的，焊接后无法插入热缩管。

2. XT60 插头的焊接

准备好 XT60 插头、导线、分电板、电烙铁、焊锡丝、热缩管、剥线钳等。焊接 XT60 插头的操作步骤如下。

步骤 1：使用剥线钳剥去导线外皮，露出铜线，将导线插入 XT60 插头焊接处，比较导线插入的长度，导线长度正好能插满空腔即可。导线不能太粗，否则无法实施焊接。

步骤 2：将热缩管套在导线外。

步骤 3：使用电烙铁给导线镀上焊锡，准备焊接。

步骤 4：给 XT60 插头上锡，切忌灌锡太多，表面均匀上锡即可。太多的焊锡会在焊接导线时溢出，导致接头外表面粗糙。

步骤 5：放入导线，保持一段时间，等待焊锡充分填充到导线中，然后移开电烙铁，等待焊锡冷却。

步骤 6：使用热风枪将热缩管紧固在插头上。

按照上述步骤将无人机电源插头 XT60 公头焊接到分电板上，如图 1-5-4 所示。

图 1-5-4　焊接无人机电源插头

注意：

(1) 焊接 XT60 公头时需插入母头后再进行施焊，避免焊接温度过高，否则将导致插头无法连接电源。

(2) 注意区分正、负极，红色线为正极，黑色线为负极，切勿焊反。

○ 练 习 题

根据本任务所学操作步骤和方法，试着焊接香蕉插头、XT60 插头等无人机专用插头。

实训任务单：
无人机部件焊接

练习题库：无人机
部件焊接

任务六　无人机其他连接技术

无人机其他
连接技术

本任务主要学习无人机其他连接技术，包括胶接、铆接和螺纹连接三种连接技术的方法及注意事项等内容，旨在使学生掌握这三种连接技术的操作方法。

将两个或两个以上的零部件连在一起的操作方法称为连接。常用的无人机装配连接技术包括焊接、胶接和机械连接。机械连接技术是指通过连接件的机械咬合作用对零部件进行连接的技术。常见的机械连接技术有两种：铆接和螺纹连接。

一、掌握胶接技术

复合材料的胶接是指借助胶黏剂将零部件连接成不可拆卸的整体，它是一种较实用、有效的连接技术，在复合材料结构连接中应用得较为普遍。

胶黏剂也称为胶接剂，胶接剂的品种很多，基本组合成分为环氧树脂、环氧树脂－酚醛树脂、酚醛树脂、聚酰胺－环氧树脂、丙烯酸酯树脂、聚酰亚胺等。

1. 胶接的优缺点

与铆接、焊接相比较，胶接具有如表 1-6-1 所示的优缺点。

表 1-6-1　胶接的优缺点

优　　点	缺　　点
(1) 被胶接的材料能得到充分利用； (2) 胶层有缓冲减震作用； (3) 胶层可防电化腐蚀； (4) 胶层有电、热绝缘性，需要时也可加金属提高导电或导热性能； (5) 胶接件的重量更轻； (6) 可起到密封作用	(1) 有的胶接剂胶接工艺较为复杂； (2) 无完善可靠的无损检验方法； (3) 可靠程度和稳定性受环境因素影响较大

2. 胶接工艺要求及步骤

1) 胶接工艺要求

胶接工艺遵循"平、干、净、匀、够"的基本原则，要求黏结表面平整、干燥、干净，涂胶要均匀，涂胶后要施加给工件表面足够的垂直压力并保持一定时间。

2) 胶接工艺步骤

胶接工艺的步骤为制定胶接方案—清洁接触面—涂胶—固化—清理余胶，详见表1-6-2。

表 1-6-2　胶接工艺步骤

序号	胶接工序	工 作 内 容
1	确定胶接方案	(1) 根据工件材质和黏结要求制订胶接方案； (2) 根据胶接方案准备黏结材料和黏结辅助工具及设备
2	清洁接触面	(1) 选用适合的清洗材料，初步清洗工件表面； (2) 将清洗后的工件放置在通风处自然风干或在适当温度下烘干
3	涂胶	(1) 在工件黏结表面先少量涂一层底胶； (2) 将胶黏剂均匀地涂在黏结工件表面，如果黏结剂浓度低、密度大，则黏结表面粗糙疏松，用胶量宜多一些，反之则宜少一些
4	固化	(1) 涂胶后要将待黏结工件进行黏结，给工件表面施加足够的垂直压力并保持一定时间； (2) 将胶接后的工件放置在台架上，等待其完全固化，并保持环境清洁
5	清理余胶	(1) 在黏结时，为了防止非黏结表面产生过多余胶，可采用薄膜或玻璃纸等保护工件的非涂胶区； (2) 当产生余胶时，可在被黏结表面合拢后固化前将多余黏结剂清除干净

3. 胶接注意事项

设计胶接接头时应注意以下几点：

(1) 尽可能使胶层受剪或受压。

(2) 尽可能使胶层应力分布均匀。

(3) 胶层厚度为 0.1～0.2 mm 时，胶层强度最高。

(4) 胶接面积宜取大些以利于复合材料强度的充分利用。

二、掌握铆接技术

铆接是指将铆钉穿过被连接件的预制孔中，再将被连接件经铆合在一起的连接方式。其连接部分称为铆缝。铆接既可以是固定连接，又可以是活动连接，由于其工艺简单，使用方便，现仍被广泛采用。

手工铆接常用的工具有手锤、压紧冲头、罩模和定模等。

1. 铆接的优缺点

铆接的优缺点见表1-6-3。

表 1-6-3　铆接的优缺点

优　点	缺　点
(1) 操作工艺易掌握； (2) 容易检查和排除故障； (3) 连接强度较稳定可靠； (4) 使用工具机动灵活、简单、价廉； (5) 适用于较复杂结构的连接； (6) 适用于各种不同材料之间的连接	(1) 增加了结构质量； (2) 降低了强度； (3) 容易引起变形，蒙皮表面不够平滑； (4) 普通铆接疲劳强度低； (5) 普通铆接的密封性能差； (6) 生产效率低

2. 铆缝的分类

铆缝有不同的分类，具体见表1-6-4。

表 1-6-4　铆 缝 的 分 类

分类标准	铆缝的分类
按接头形式分类	分为搭接缝、单盖板对接缝和双盖板对接缝
按铆钉排数分类	分为单排、双排和多排
按铆缝性能分类	分为强固铆缝、强密铆缝和紧密铆缝。 强固铆缝——满足强度要求； 强密铆缝——满足强度和紧密性要求； 紧密铆缝——满足紧密性要求

3. 铆钉及其尺寸的确定

铆钉是用于铆接的连接件，属标准零件。铆钉有空心和实心两大类。在设计铆接结构时应优先选用标准化的铆钉。

1) 铆钉直径及通孔直径的确定

铆钉直径一般与连接板厚度有关，通常按以下原则进行确定 (假设连接板的厚度为 t)：

(1) 厚度相差不大的钢板相铆接时， t 为厚钢板的厚度。

(2) 厚度相差较大 (4 倍及 4 倍以上) 的钢板相铆接时， t 为较薄钢板的厚度。

(3) 钢板与型钢 (如角钢、槽钢) 相铆接时， t 为钢板与型钢的平均厚度。

2) 铆钉长度的确定

铆钉在穿过连接板以后，其长度还必须为形成铆合头留出足够的余量。

4. 铆接方式

铆接件的结合形式是由零件相互结合的位置所决定的，常用的结合形式主要有三种：搭接连接、对接连接和角接连接，如图1-6-1所示。

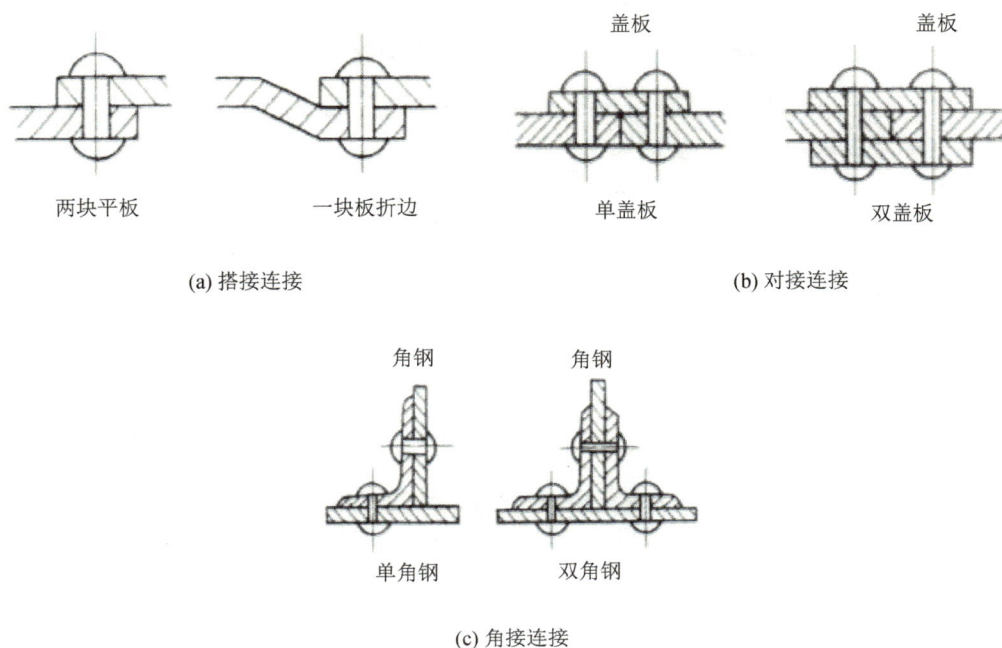

两块平板　　　　一块板折边

(a) 搭接连接

盖板　　　　　　盖板

单盖板　　　　双盖板

(b) 对接连接

角钢　　　　　　角钢

单角钢　　　　双角钢

(c) 角接连接

图 1-6-1　铆接件的结合形式

三、掌握螺纹连接技术

利用螺纹零件将两个或两个以上的零件相对固定起来的连接称为螺纹连接。它属可拆的固定连接，具有结构简单、形式多样、连接可靠、装拆方便等优点，应用广泛。

1. 螺纹连接的工具

螺纹连接常用的工具有改锥和扳手。改锥又称螺丝刀。扳手是用来旋紧六角形、正方形螺钉和各种螺母的工具，一般用碳素工具钢或可锻铸铁制成。扳手有各种类型和结构，常用的有通用扳手和专用扳手两大类。

2. 螺纹连接的基本类型和标准连接件

螺纹连接按连接件不同可分为螺栓连接、双头螺柱连接和螺钉连接等类型，如图 1-6-2 所示。

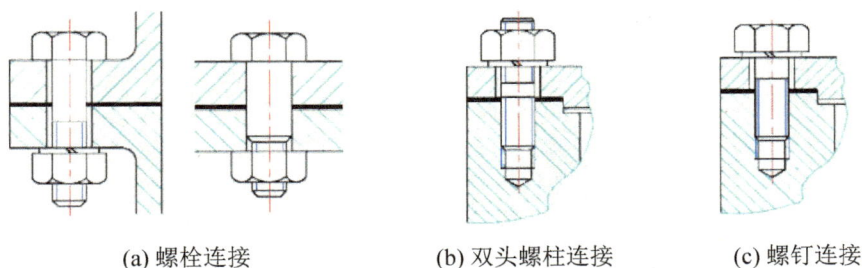

(a) 螺栓连接　　　(b) 双头螺柱连接　　　(c) 螺钉连接

图 1-6-2　螺纹连接的类型

标准螺纹连接件有螺栓、双头螺柱、螺钉、螺母和垫圈等，详见表 1-6-5。

表 1-6-5　标准螺纹连接件

名　称	图　例	简　介
螺栓		螺栓种类很多，应用也最广。螺栓头部形状最常见的是六角头，杆部为一段或全部螺纹，螺纹可以是粗牙或细牙
双头螺柱		螺柱两端都有螺纹，也可以是全螺纹的螺柱。螺柱的座端旋入被连接件的螺纹孔后即不再拆卸，螺母端用于安装螺母
螺钉		螺钉的头部形状有圆头、扁圆头、六角头和沉头等。起子槽有一字槽、十字槽和内六角孔等形状。十字槽螺钉头部强度高、对中性好；内六角孔螺钉能承受较大的扳手力矩
螺母		螺母的形状有六角形、圆形等，圆螺母常与止退垫圈配合使用，用于防松
垫圈		垫圈是螺纹连接中不可缺少的附件，常用的平垫圈可以增加螺母和被连接件间的接触面积，一些垫圈用于防松

3. 螺纹连接的注意事项

1) 双头螺连接的注意事项

拧入双头螺连接时应注意以下几点：

(1) 双头螺连接与机体螺孔的配合要有足够的紧固性，即应具有过盈量的配合，以保证装拆螺母时无任何松动现象。

(2) 双头螺连接的轴线必须与机体表面垂直，以免影响连接的可靠性。

(3) 装双头螺连接时必须加润滑油，以便以后拆卸和防止生锈。

2) 螺钉和螺母连接的注意事项

螺钉和螺母的装拆方法比较简便，但在拧紧时，除要具有一定的拧紧力矩外，还应注意以下几点：

(1) 螺杆不应产生弯曲变形。

(2) 螺钉头部、螺母底平面应与连接件接触良好。

(3) 在拧紧成组螺钉或螺母时，必须按照一定的顺序逐次 (一般为 2 ～ 3 次) 拧紧。

4. 螺纹连接的要求

螺纹连接应符合如下要求：

(1) 为了达到连接可靠和紧固的目的，连接时必须有适当的拧紧力矩。

(2) 要有可靠的防松装置。

练 习 题

根据本任务所学知识和方法，进行胶接、铆接和螺纹连接操作练习。

实训任务单：无人机
其他连接技术

练习题库：无人机
其他连接技术

任务七　无人机组装与调试安全注意事项

本任务主要从用电安全和安全操作管理两个方面学习无人机组装与调试过程中的安全注意事项，旨在使学生熟知无人机组装与调试安全常识，养成良好的安全操作习惯。

无人机组装与调试
安全注意事项

一、熟知用电安全注意事项

1. 用电设备使用安全注意事项

无人机组装与调试过程中经常会用到各种用电设备、仪器和电动工具，如示波器、直流电源、电烙铁和手电钻等，在操作过程中，使用各种用电设备的安全注意事项如下：

(1) 认识了解电源总开关，学会在紧急情况下关闭总电源。

(2) 用电设备使用完毕后应拔掉电源插头，插拔电源插头时不要用力拉拽电线，以防止电线的绝缘层受损造成触电，若电线的绝缘皮剥落，则要及时更换新线或者用绝缘胶布包好。

(3) 发现有人触电要设法及时关断电源，或者用干燥的木棍等物将触电者与带电的电器分开，不要用手直接救人。如触电者神智昏迷、停止呼吸，则应立即施行人工呼吸或马上送医院进行紧急抢救。

(4) 禁止用手或导电物（如铁丝、钉子、别针等金属制品）去接触、试探电源插座内部；不触摸没有绝缘的线头，发现有裸露的线头要及时与维修人员联系。

(5) 使用插座的地方要保持干燥，不用湿手触摸电器，不用湿布擦拭电器。发现电器周围漏水时应暂时停止使用，并且立即通知维修人员做绝缘处理，等排除漏水后，再恢复使用电器。要避免在潮湿的环境下使用电器，更不能使电器淋湿、受潮或在水中浸泡，以免产生漏电，造成人员伤亡。

(6) 不要在一个多口插座上同时使用多个电器。用电不可超过电线、断路器允许的负荷能力，增设大型电器时，应经过专业人员检验同意，不得私自更换大断路器，以免起不到保护作用，引起火灾。

(7) 不要将插座电线缠绕在金属管道上，电线延长线不可经过地毯或挂有易燃物的墙壁。

(8) 使用电器插头务必插牢，紧密接触，不可松动。

(9) 使用电器过程中，当发生跳闸时，首先一定要拔掉电源插头，然后联系维修人员来查明跳闸原因，并检查电器故障，最后确定是否可以继续使用，以保障安全。

(10) 遇到雷雨天气，要停止使用电器，防止遭受雷击。长期搁置不用的电器容易受潮、受腐蚀而损坏，重新使用前需要认真检查。

(11) 不要随意拆卸、安装电源线路、插座、插头等。

(12) 如果看到有电线断落，那么千万不要靠近，要及时报告有关专业部门进行维修。当发现电气设备断电时，要及时通知维修人员抢修。

(13) 当电器烧毁或电路超负载时，通常会有冒烟、冒火花、发出奇怪响声等现象，或者导线过热烧焦产生刺鼻的怪味。这时应马上切断电源，然后检查电器和电路并找维修人员处理。

2. 电池充放电注意事项

(1) 禁止对锂电池反向充电。

(2) 尽量减少电池快速充电的次数。

(3) 禁止电池充电时无人看守。

(4) 必须等电池冷却后才能对其进行充电，否则会严重损坏电池。

(5) 给电池充电时尽量使用防爆袋。

(6) 在对新的锂电池组进行充电之前，应逐个检查电芯电压。在电池充放电 10 次后，再检查电压。

(7) 将电池放在阻燃材料上充电，着火时可避免其他物体燃烧，减少损失。

(8) 放电电流不得超过说明书规定的最大放电电流，过度使用会使电池容量减小，甚至过热膨胀。

(9) 电池充电电流不得超过说明书规定的最大充电电流。

(10) 电池充电电压不得超过规定的限制电压，通常 4.2 V 为每个电芯充电电压上限。

(11) 必须在说明书规定的环境温度范围内进行电池充电，否则容易损坏电池。当电池表面温度超过 50℃时，必须停止充电。

(12) 必须在说明书规定的环境温度范围内进行电池放电，当电池表面温度超过 70℃时，必须停止使用。

(13) 单节电池使用电压不能低于 2.7 V。

(14) 如果不需供电，一定要断开电池上的插头，以免发生漏电情况。

(15) 要发挥电池的最大效能，必须经常使用电池，避免完全充放电。

二、熟知安全操作管理规定

1. 无人机组装与调试工具使用安全注意事项

1) 钻床使用安全注意事项

使用钻床时，钻头和工件要装卡牢固可靠；要用专门钥匙装卸钻头，不得乱别；操作钻床时，严禁戴手套，要扎紧工作服袖口，女生要戴工作帽；不能用手摸旋转的钻头和其他运动部件，运转设备未停稳时，禁止用手制动；钻床变速时必须停车；钻孔排屑困难时，进钻和退钻应反复交替进行；用钻床钻削脆性材料和使用砂轮机时要戴防护眼镜；用完钻床后将电源关闭。

2) 台钳使用安全注意事项

使用台钳时，不允许将钳口张得过大（不能超过最大行程的 2/3）；用台钳夹持组件或精密工件时，应使用铜垫，以防工件坠落或损伤工件。

3) 扳手使用安全注意事项

使用扳手前要检查扳手和螺丝有无裂纹或损坏；在用扳手紧固时，不能用力过猛或用手锤敲打扳手，大扳手需要套管加力时，应该特别注意安全。

4) 焊台使用安全注意事项

打开电源时，必须将风枪放在风枪架上，保持出风口畅通，不能有阻碍物；作业完毕后，必须把加热手柄放在加热架上；烙铁头温度不宜长时过高，不用时请把温度调低；切勿用身体任何部分接触仪器加热部分、风枪热风口；焊台在工作后，必须冷却方能存放，焊台附近不能有易燃、易爆的物品。

5) 电烙铁使用安全注意事项

在使用电烙铁时不能乱甩，以防止焊锡掉在电线间造成短路或烫伤；若工作中暂时不用电烙铁，则必须将其放在金属支架上，不能放在木板或易燃物附近；工作完毕，切断电源，待电烙铁冷却后，将其妥善保管。

6) 手锯使用安全注意事项

在无人机组装实训过程中，当使用手锯时，必须夹紧锯条，不能松动，以防锯条折断伤人；用手锯割碳管时，锯要靠近钳口，方向要正确，压力和速度要适宜；安装锯条时，松紧程度要以锯条略有弹性为宜，操作方向要正确，不能歪斜。

2. 无人机操作安全注意事项

(1) 防止螺旋桨破损。

螺旋桨破损会影响无人机飞行稳定性。在无人机的正常使用中，无人机坠地导致桨叶折断的现象并不多，但因视觉误差或操作不当导致的撞树却频频发生，因此需要飞手或观测人员在起飞前尽量观测清楚飞行路线中的障碍物。

同时，日常还需要特别留意桨叶是否出现裂痕、缺口等直接影响飞行稳定性的情况。如果螺旋桨损伤严重，则应直接更换新的螺旋桨。

(2) 防水、防潮、防沙尘。

很多时候，需要无人机到地形地貌独特的场地执行作业，例如大海、山地等。此时需要注意，尽量避免无人机从沙土碎石地面起飞，以防止沙尘进入电机，用后要及时对无人机进行清洁除尘。

工作时的电机是具有磁性的，尘土和细沙中包含的细微金属粒可能会被吸附进入电机内部，严重的情况可能导致电机停转。

如不慎有颗粒进入电机，可以尝试使用吸尘工具，但是如果电机依旧运转不顺畅，只能拆开电机维修。

(3) 防止磁场影响。

建议每到一个新的地方一定要校准 IMU 和指南针，因为长途运输的颠簸对 IMU 有影响，而每个地方不同的磁场环境对指南针也有影响。

(4) 无人机外场作业时，一定要将电池放置在阴凉处，避免太阳直射。

(5) 无人机作业结束后，不要直接给电池充电，放置一段时间待电池降温稳定后再充电。

(6) 把控好无人机作业时间，作业过程中每片电池电压最低不要低于 3.6 V。

(7) 在寒冷或炎热地带使用电池安全注意事项。

① 在寒冷地带使用无人机之前，应将电池的温度预热到 25℃ 左右再飞（可以隔衣使用暖宝宝和热水袋进行预热）；无人机低温飞行时，电池的效能会大幅下降，电池出问题的概率会比常温时候大很多。

② 在炎热地带使用无人机时，特别是光照强烈的时候，阳光暴晒加上自身工作产生的热量，可能导致电池温度达到 65℃ 以上。高温工作会急剧缩短电池寿命，同时可能发生爆炸、起火、冒烟等危险。

建议飞手在地面实时监控电池温度，一旦超过危险阈值，应尽快降落无人机，避免发生危险。建议减少无人机在高温环境下连续作业时间。

3. 无人机测试与飞行安全注意事项

无人机测试与飞行安全注意事项如下：

(1) 遥控器上务必设置"油门锁"。无人机上电时，需要确保油门是被锁住的，以防止走动过程中误触碰油门摇杆，导致电动机转动伤人。无人机准备起飞时，才打开油门锁，无人机一落地，立即锁住油门。

(2) 给无人机上电前，确认当前无人机与遥控器所选机型相对应。

(3) 给无人机上电时，不要把没有办法设置油门锁的遥控器挂在胸前或立着放在地上，以防误碰油门摇杆。

(4) 无人机起飞前最好先试试各个舵面方向是否正确。

(5) 给无人机上电前，确保电池电量充足。

(6) 若使用桨保护器，则要经常检查绑扎螺旋桨的皮筋是否老化，尤其是放置了一段时间没飞的无人机。

(7) 手拿无人机时，手握无人机的位置必须避开桨叶转动可以碰到的地方。

(8) 在任何情况下，新手操控任何机型的无人机，都不要试图用手接住正在降落的无人机。

4. 电池养护安全注意事项

(1) 使用电池时，应尽量避免过充或过放。要保持无人机有足够的电量返航，且应匀速飞行。留意电压、电量下降速度是否过快。

(2) 无人机飞行作业时，应注意温度对电池的影响。在低温地区使用电池时，应做好电池的"保暖"和"热身"工作，以减少电压急速升高的情况。

(3) 日常存放电池时，应保持电量在 40% ～ 65% 左右。

(4) 如果计划长时间不使用电池，则不要完全充满；若两个月未

电池养护

使用电池，则使用电池前应满充满放一次。

(5) 检查电池是否可以使用的方法是观察其外表是否有鼓包。有鼓包的电池肯定不能使用。部分无人机专用电池装在保护壳内，需观察电池安装后是否松动。如果安装不畅，则很可能是电池膨胀将保护壳挤变形了。同理在不同品牌无人机的电池安装过程中遇到卡顿等情况，均需要考虑电池是否变形不能使用了。

5. 无人机用后保养安全注意事项

(1) 如果无人机在悬停时出现无故侧倾或无法顺利降落的现象，则有可能是电机出现了问题。可以先尝试重新校正机身后再起飞，如果仍然出现这种现象，则需要及时将无人机送厂检修，以避免出现电机停转导致无人机失控或坠毁。

(2) 及时清理无人机机身水汽。如果无人机在使用过程中受潮或沾水，则在使用完毕无人机以后要先断电，擦干无人机，然后将其放到防潮箱吸潮，确定湿气除净后再使用。

(3) 无人机飞行时长累计超过 50～100 小时后，建议观察电机内金属丝的颜色等情况，如果发现变色等问题，则建议更换电机，以免造成飞行事故。

(4) 若发现无人机电池连接处的金属片有污垢，则一定要及时清理。

(5) 经常观察无人机螺旋桨叶片状态，了解设备状态。

6. 无人机存放安全注意事项

(1) 保持干燥。无人机作为一种精密的电子设备是需要保持干燥清洁的，虽然无人机不是沾水即坏，但如果沾水后或受潮后没有及时处理，会对电子元器件造成损伤，使无人机出现故障并缩短无人机的使用寿命。因此，建议飞手在存放无人机的箱子内放置干燥包，并每隔一到两个月更换一次。

(2) 无人机插头要接保护罩，避免短路。

(3) 在存储、携带无人机的过程中，要轻拿轻放，不要摔打、碰撞，小心避开尖锐物品。

(4) 一定要将螺旋桨拆下来保存。

练习题

无人机组装与调试工具的使用安全注意事项有哪些？

学习评价

练习题库：无人机组装与调试安全注意事项

完成本项目的学习后，请从知识目标、技能目标和素养目标等维度，对各任务实施过程、任务结果和工作态度等，按照"优""良""中""差"进行评价。若始终能够超越学习目标要求，则为"优"；若始终能够维持或偶尔超出学习目标要求，则为"良"；若始终基本达到学习目标要求，则为"中"；若始终低于学习目标要求，则为"差"。

表1　无人机组装与调试基础评价表

项目名称		无人机组装与调试基础		
班　级		姓名		
完成方式		小组合作完成		
评价项目		评　价　标　准	教师评分	自我评分
知识目标		是否了解无人机的发展与现状、概念与分类以及无人机的结构与系统		
		是否掌握无人机装调常用工具及其作用，并熟知在使用这些工具过程中的安全注意事项		
		是否了解无人机装调过程中的常用材料及其特点		
		是否掌握手工焊接工艺、手工拆焊工艺及常用工具和方法		
		是否掌握胶接、铆接和螺纹连接的常用工具及方法		
		是否熟知无人机组装与调试的安全注意事项		
技能目标		是否掌握无人机装调常用工具的使用方法		
		是否掌握手工焊接技巧并能够焊接无人机专用插头		
		是否掌握各类焊点的拆焊方法及注意事项		
		是否掌握胶接、铆接和螺纹连接的操作方法及注意事项		
素养目标	工作态度	态度端正，无无故缺勤、迟到、早退的现象		
	工作规范	能正确理解并按照项目要求完成任务		
	协调能力	与同学之间能够合作交流、互相帮助、协调工作		
	职业素质	实施任务中认真、细致、严谨地对待每个工作细节		
	创新意识	对规范或要求深入理解，不拘泥于给定的思路，进行创新操作		
综合评价				
存在的主要问题				

项目测试

1. 无人机机体组件有哪些？

2. 无人机装调常用工具有哪些？

3. 无人机装调常用材料有哪些？

4. 无人机连接技术包括哪些？

5. 焊接五步法是哪五步？

6. 胶接技术的优缺点是什么？

7. 无人机组装与调试安全操作管理规定的内容有哪些？

项目二　多旋翼无人机组装与调试

学习目标

知识目标

1. 了解多旋翼无人机的概念、分类及其系统组成。
2. 了解装调实训无人机机体各组件的作用。
3. 了解飞控接口定义以及遥控器的相关功能。
4. 熟悉多旋翼无人机飞控参数调试校准的内容和操作步骤。
5. 熟悉多旋翼无人机飞行测试工作的内容和操作步骤。

技能目标

1. 能够完成多旋翼无人机机体组装以及动力系统组装。
2. 能够完成多旋翼无人机飞控子系统的安装和线路连接。
3. 能够完成多旋翼无人机控制系统的安装及设置。
4. 能够完成多旋翼无人机飞控参数的调试校准。
5. 能够完成多旋翼无人机飞行测试准备工作。
6. 能够完成多旋翼无人机飞行测试工作。

素养目标

1. 培养沟通互动能力，能够在无人机组装与调试过程中做好相关基础工作。
2. 培养规范操作意识和产品质量意识，以及"质量第一，精益求精"的工匠精神。
3. 培养严谨认真、一丝不苟、持之以恒、标准规范、踏踏实实、追求完美、耐心细致的工作作风。

任务一　多旋翼无人机组装与调试基础知识

本任务主要学习多旋翼无人机相关知识，旨在使学生了解多旋翼无人机的分类和系统组成。

一、了解多旋翼无人机

多旋翼无人机组装
与调试基础知识

多旋翼飞行器是一种重于空气的航空器，其在空中飞行的升力通过一个或多个旋翼与空气相对运动的反作用获得，它与固定翼航空器为相对的关系。

多旋翼无人机也称为多轴飞行器，它通常有三个或三个以上的旋翼。多旋翼无人机的机动性通过改变螺旋桨转速来实现。相比传统的单水平旋翼直升机，多旋翼无人机具有构造精简、易于维护、操作简便、稳定性高且携带方便等优点。

多旋翼无人机被广泛用于影视航拍、安全监控、农业植保和电力巡线等领域。

二、掌握多旋翼无人机的分类

多旋翼无人机的类型很多，按照不同的分类方法可分为不同的类型。

1.按飞行平台分类

按飞行平台不同，多旋翼无人机可分为三轴、四轴、六轴、八轴甚至十八轴多旋翼无人机等。轴和旋翼的数量不一定完全相同，如大疆 T40 农业无人机为四轴八旋翼，是将其每个轴上下各安装一个电机构成八旋翼，如图 2-1-1 所示。

图 2-1-1　四轴八旋翼无人机

2.按动力装置分类

按照动力装置不同，多旋翼无人机可分为油动多旋翼无人机、电动多旋翼无人机以及油电混合多旋翼无人机。

三、熟知多旋翼无人机系统组成

多旋翼无人机一般由机架、动力系统、遥控系统、飞控系统等模块组成。图 2-1-2 所示为多旋翼无人机组成结构图。

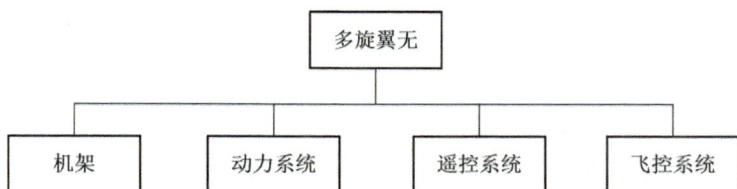

图 2-1-2　多旋翼无人机组成结构图

1. 机架

多旋翼无人机的机架是指其机身架，它是无人机其他零部件的安装基础，具有装载各类设备、动力电池及燃料的作用。

多旋翼无人机的机架通常由机臂、中心板和脚架等部分组成。机架一般是由碳素、玻纤、碳纤、航空铝合金、钛合金等多种强度高、重量轻的材料制成。例如筋斗云 S1000 的机架是用碳纤维材料制造的、风火轮 F550 的机架是用 PA66+30GF 材料制造的，如图 2-1-3、图 2-1-4 所示。

图 2-1-3　筋斗云 S1000(碳纤维)　　　　图 2-1-4　风火轮 F550(PA66+30GF)

常见的多旋翼无人机机架布局有 X 型、I 型、V 型、Y 型和 IY 型等。

2. 动力系统

动力系统是指为无人机飞行提供动力的系统。目前多旋翼无人机采用的动力系统一般分为电动系统和油动系统，在民用和商用领域，多旋翼无人机常用的是电动系统。电动系统一般由电机、电调、螺旋桨和电池组成。

1) 电机

电机由电动机主体和驱动器组成，是一种典型的机电一体化产品。在整个飞行系统中，电机起到提供动力的作用。如图 2-1-5 所示为 2212 无刷电机，其 KV 值为 KV920，电机尺寸为 28 mm × 24 mm，定子尺寸为 22 mm × 12 mm，方向为 CW 正向 (黑色)，CCW 反向 (银色)。

电机的工作原理是将电能转换为机械动能。在其工作过程中，通过电机旋转带动桨叶，使无人机产生升力或推力，通过对电机转速的控制 (电调 ESC)，使无人机完成飞行姿态的变化。

2）电调

电调全称电子调速器。在整个飞行系统中，电调主要提供驱动电机的指令，以控制电机完成规定的速度和动作等。图 2-1-6 所示为某品牌 20A 电调。

图 2-1-5　2212 无刷电机

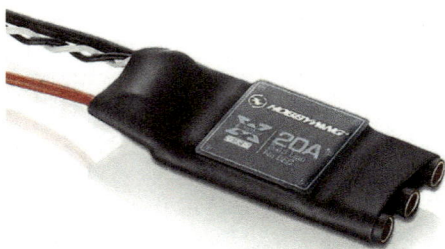

图 2-1-6　20A 电调

3）螺旋桨

螺旋桨是通过自身旋转将电机转动功率转化为动力的装置。在整个飞行系统中，螺旋桨主要提供飞行所需的动能。按材质不同，螺旋桨一般可分为尼龙桨、碳纤维桨和木桨等，如图 2-1-7 所示。

(a) 尼龙桨

(b) 碳纤维桨

(c) 木桨

图 2-1-7　螺旋桨

4）电池

电池是将化学能转换成电能的装置。在整个飞行系统中，电池作为能源储备，为整个动力系统和其他电子设备提供电力来源。目前在多旋翼飞行器上，一般采用普通锂电池或者智能锂电池等，如图 2-1-8 所示。

(a) 普通锂电池

(b) 智能锂电池

图 2-1-8　电池

3. 遥控系统

遥控系统由遥控器和接收机组成，如图 2-1-9、图 2-1-10 所示。遥控系统是整个飞行系统的无线控制终端。

图 2-1-9　遥控器　　　　　　　　　　　　　　　图 2-1-10　接收机

遥控器集成了数传电台，通过控制摇杆的舵量向无人机发出控制信号，以此实现对无人机的控制。通常遥控器可以控制无人机飞行姿态，如俯仰运动、滚转运动、偏航运动，以及控制油门增减无人机飞行动力。

遥控器分美国手和日本手，区别在于一个是左手油门，另一个是右手油门。

4. 飞控系统

无人机飞控系统是控制无人机飞行姿态和运动的设备，由传感器、机载计算机和执行机构三大部分组成。飞控系统中一般集成了高精度的感应器元件，主要由陀螺仪（飞行姿态感知）、加速度计、气压计、GPS、指南针模块（可选配）以及控制电路等部件组成。通过高效的控制算法内核，能够精准地感应并计算出飞行器的飞行姿态等数据，再通过主控制单元实现无人机精准定位悬停和自主平稳飞行。不同的机型有不同类型的飞行辅助控制系统，如支持固定翼、多旋翼及直升机的飞行控制系统。多旋翼无人机常用的飞控主要有F3 飞控、A2 飞控、A3 飞控、Zaza 飞控等。图 2-1-11 所示为 A2 飞控。

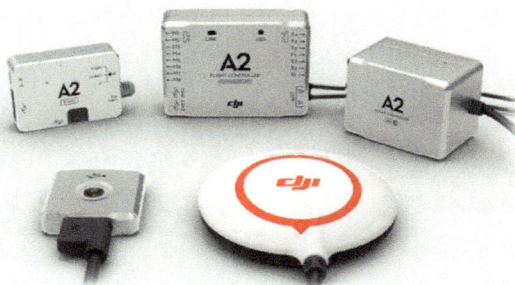

图 2-1-11　A2 飞控

飞控是集飞行导航、飞行动力学、飞行制导与控制于一体的系统化概念。飞控系统是一个庞大复杂的系统，主要分为开源飞控和闭源飞控，详见表 2-1-1。

表 2-1-1　飞 控 的 分 类

飞控类型	开源飞控	闭源飞控
定义	开源飞控是指在通用源代码数据库开放基础上开发的自动飞行控制器，开源飞控是较为常见的一种飞控类型	闭源飞控是指自主开发设计飞控原始代码数据库的自动飞行控制器，一般为生产厂家针对特定机型和应用场景进行设计的商业化产品
优点	代码开源、适用性强、可开发性高、可拓展性好、价格便宜等	调试简单、安装方便、稳定性好、安全性高、特定场景下功能完善等
缺点	开发难度较大，在特定应用场景下适用性较差等	研发难度大、可拓展性差、价格较高等
举例	APM、CC3D、PIX	大疆 A3/NAZA

○ 练 习 题

什么是多旋翼无人机？多旋翼无人机被应用于哪些领域？

练习题库：多旋翼
无人机组装与调试
基础知识

任务二　多旋翼无人机机体组装

本任务以装调实训无人机为例，主要学习多旋翼无人机机体组装的相关知识，旨在使学生了解多旋翼无人机机体各组件的作用，并在此基础上完成多旋翼无人机机身组装以及动力系统组装。

多旋翼无人机
机体组装

一、了解无人机机体组件

无人机机体组件是无人机结构的重要组成部分，包括机翼、机身、起落架等。这些组件的设计和制造质量直接影响无人机的性能和安全性。

1. 下中心板

下中心板为无人机机身主体，用于承载无人机各种组件，如图 2-2-1 所示，此中心板为集成下中心板，电子线路为沉埋式设计，可以极大节约机身内部空间，且下中心板上有明显的信号线序号标识，可防止组装与调试时安装线序号出错。其连接插头采取插拔式设计，可以重复使用。

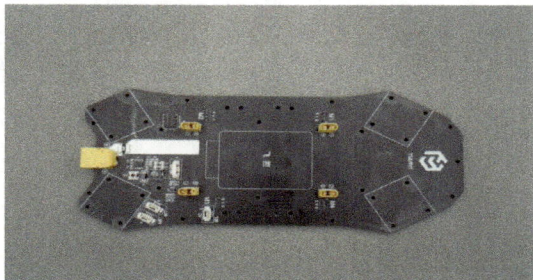

图 2-2-1 下中心板

2. 机臂

无人机机臂采用碳纤维材质管，结构简单且易于拆装，如图 2-2-2 所示。其具有连接机身和动力端以及减震、保护、定位、支撑、引线、固定的作用。

图 2-2-2 机臂

装调实训多旋翼无人机机臂相关配件的数量及材质如表 2-2-1 所示。

表 2-2-1 装调实训多旋翼无人机机臂相关配件的数量及材质

名称	机臂	电机座	机臂固定座
数量 / 个	4	4	4
材质	碳纤维	航空铝件	航空铝件

3. 脚架

无人机脚架是支撑无人机主体的主要部件，如图 2-2-3 所示。它包括用于连接无人机机身的脚架固定件组件 2 个、竖管（一端连接脚架固定件，另一端连接三通）2 根、连接竖管和横管的三通连接组件 2 个、与地面相接触的支撑组件（横管）2 根。脚架能够在无人机受到地面作用力时起到保护无人机机身的作用。

图 2-2-3　脚架

4. 上板

多旋翼无人机机体上板是碳纤维材质，其形状和下中心板对应，如图 2-2-4 所示，起到防止安装组件松动进而达到稳固机体的作用。

5. 电池仓

电池仓是安装电池的部件，具有固定电池和保护电池的作用，装调实训多旋翼无人机电池仓由 2 块侧板、1 块底板、1 块顶板、4 个电池仓连接件组成，如图 2-2-5 所示。

6. 上壳

多旋翼无人机机体配备 ABS 塑料可拆卸壳体，如图 2-2-6 所示，可防止内部线路直接裸露在外，保证设备的电子元器件的防水性与美观性，并且拆卸简单。

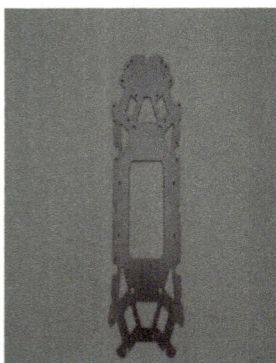

图 2-2-4　上板　　　　　　　图 2-2-5　电池仓　　　　　　　图 2-2-6　上壳

7. 电机

电机俗称马达，是指依据电磁感应定律实现将电能转换为机械能的一种电磁装置，如图 2-2-7 所示。电机的工作原理是将电能转换为机械能，在其工作过程中，通过电机旋转带动桨叶，使无人机产生升力或推力，通过对电机转速的控制（电调 ESC），使无人机完成飞行姿态变化。装调实训多旋翼无人机电机的型号为 2312，KV 值为 1400 KV。

KV（即转速/电压）值指的是电机的空转转速增加值，即电机输入电压增加 1 V，无刷电机每分钟空转转速的增加值。高 KV 值电机适用于低电压、高转速的工作环境中，应选择直径较小的螺旋桨；低 KV 值电机适用于高电压、低转速的工作环境，应选择直径较大的螺旋桨。

图 2-2-7　电机

8. 电调

电调 (Electronic Speed Control，ESC) 全称为电子调速器，是动力电机的调速系统，如图 2-2-8 所示。

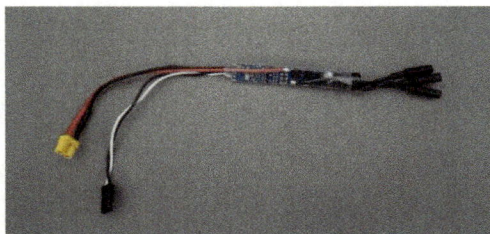

图 2-2-8　电调

1) 尺寸和重量

电调尺寸主要包括电调的长、宽、高以及导线的长度，电调的重量是指电调以及电调连接线的重量。

2) 输入电压

电调的输入电压表示电调所支持的最高电压，电调的最高支持电压决定了使用电池的电压值。例如，电调上标有"2 ～ 6S LiPo"字样是表示电调支持的电压范围，说明此电调适用于 2 ～ 6S 锂电池。

3) 持续工作电流

电调的持续工作电流是电调可以持续工作的电流值，超过该电流值可能导致电调过热烧毁。

4) 最大瞬间电流

电调的最大瞬间电流表示允许流经电调的最大电流值，是确保电机堵转时电调不被烧毁的重要参数。

5) BEC 输出

电调上通常会带有 BEC 字样，它表示能从电调信号线向外输出供电，并且这个转换的电压不会受动力电池电压的下降而发生改变。

装调实训多旋翼无人机电调规格：持续工作电流大于等于30 A；最大瞬间电流不超过40 A；适用于2～6 S电池；质量不超过12 g。

9. 飞控

飞控又称飞行控制器，如图 2-2-9 所示，它是在各任务阶段对无人机进行辅助或全自主控制，并对无人机机载系统及功能部件起到协同控制作用的部件。

图 2-2-9 飞控

飞控的功能包括稳定和控制无人机姿态及无人机自主飞行状态、无人机任务设备管理和应急控制等，其中最主要的功能为保持无人机自主飞行状态且飞行姿态正常。飞控分为开源飞控和闭源飞控两大类，如图 2-2-10 所示。

(a) 开源飞控   (b) 闭源飞控

图 2-2-10 飞控分类

飞控通常由陀螺仪、加速度计、地磁感应模块、气压传感器、超声波传感器、光流传感器、GPS 模块及控制电路等部件组成。

10. GPS

GPS 即全球定位系统，如图 2-2-11 所示，它用来保证卫星可以采集到该观测点的经纬度和高度，以便实现导航、定位、授时等功能，从而引导无人机安全、准确地沿着选定的路线到达目的地。

图 2-2-11 GPS

二、多旋翼无人机机身组装

多旋翼无人机机身组装的具体操作步骤如下。

步骤 1：将 4 个机臂固定在下中心板上，如图 2-2-12 所示。

注意事项：

(1) 机臂固定座安装方向正确。

(2) 需保留拆下的电机固定座和定位螺钉。

(3) 有 LOGO 的一侧为无人机机头。

步骤 2：将电池仓各部件进行组装，如图 2-2-13 所示。

注意事项：电池仓连接件需靠里安装。

图 2-2-12　机臂固定在下中心板上

图 2-2-13　电池仓各部件

步骤 3：将电池仓固定在下中心板下方，如图 2-2-14 所示。

注意事项：电池仓有顶板一侧朝向机头。

图 2-2-14　电池仓固定在下中心板下方

步骤 4：将脚架固定件固定在下中心板底部，如图 2-2-15 所示。

注意事项：脚架固定件的安装方向为三角区域朝里，较短的碳纤维管是竖管。

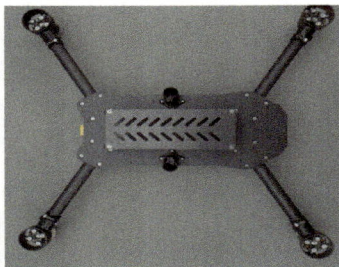

图 2-2-15　脚架固定件固定在下中心板底部

步骤 5：将横杆插进三通，然后将三通与竖杆连接，将横杆两端套上橡胶塞，并将脚架竖杆与脚架固定件连接，如图 2-2-16 所示。

注意事项：三通紧固螺钉的安装方向向外；三通处于横杆中心位置。

图 2-2-16　脚架安装连接

步骤 6：将上板与机臂固定件进行连接，如图 2-2-17 所示。

注意事项：上板和下中心板形状要对应。

图 2-2-17　上板与机臂固定件连接

三、多旋翼无人机动力系统组装

多旋翼无人机动力系统组装的具体操作步骤如下。

步骤 1：分别将 4 个电机放入电机底座，并将电机底座的 3 根线从电机底座的 3 个孔穿出，再用螺丝将电机和电机座固定，如图 2-2-18 所示。

注意事项：电机和电机座的安装方向正确。

步骤 2：将带有香蕉头的 3 根电调线和电机的 3 根线相连接，如图 2-2-19 所示。

注意事项：后续可能会根据电机的转向对电机和电调的连接线作相应调整。

图 2-2-18　电机底座安装　　　　图 2-2-19　电调线和电机相连接

步骤 3：通过将正反螺旋桨安装到电机上来确定电机安装位置，如图 2-2-20 所示。

注意事项：

(1) 下中心板上 M1 和 M3 为逆时针电机安装位。

(2) 下中心板上 M2 和 M4 为顺时针电机安装位。

(3) 确认完电机顺序后取下螺旋桨。

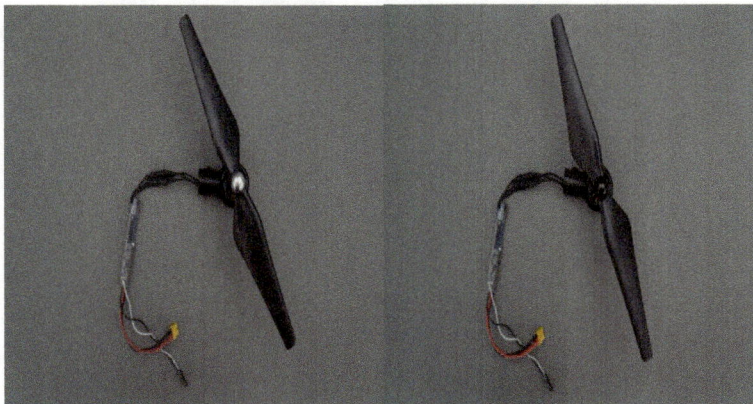

图 2-2-20　通过螺旋桨确定电机安装位置

步骤 4：按照电机顺序将对应电机穿过机臂，并将电机底座固定在机臂上，如图 2-2-21 所示。

注意事项：

(1) 电机和电机座的安装方向正确。

(2) 在机臂上粘贴电机序号标识。

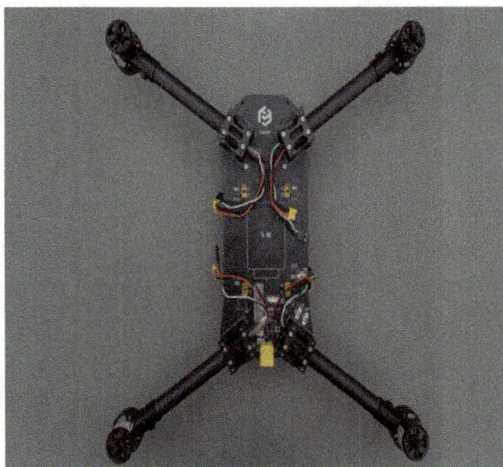

图 2-2-21　按照电机顺序将对应电机穿过机臂

步骤 5：将电调信号线、供电线连接到下中心板上，如图 2-2-22 所示。

注意事项：

黑、白色信号线插口方向要连接正确，黑色线要对应 SVG 插头的 G(负极)。

图 2-2-22　电调信号线、供电线连接到下中心板

练习题

根据本任务所学操作步骤和方法，完成多旋翼无人机机体组装和动力系统组装。

实训任务单：多旋翼
无人机机体组装

练习题库：多旋翼
无人机机体组装

任务三　飞控线路连接和遥控器设置

本任务主要学习多旋翼无人机飞控线路连接和遥控器设置的相关内容，旨在使学生了解飞控接口定义以及遥控器的相关功能，并在此基础上完成多旋翼无人机飞控线路连接和遥控器设置。

飞控线路连接和
遥控器设置

一、飞控子系统安装

1.飞控安装

1) 飞控接口定义

将飞控朝前放置，接口如下：

前面为激光串口、超声波、IIC2 接口、光流串口；

左面为数传串口、CAN 接口、OpenMV 串口、SWJ 接口；

后面为信号线路接口及接收机接口；

右面为 GPS 串口、PowerADC 接口、外置罗盘、Power 接口。

飞控接口定义如表 2-3-1 所示。

表 2-3-1　飞控接口定义

序号	图示	接　口　定　义									
A		UART7: TX RX GND 5V				Ultrasonic: Echo Triger GND 5V					
		IIC2: 5V GND SCL SDA				UART5:5V GND RX TX					
B		UART1: TX RX GND 5V				CAN: CANL CANH GND 5V					
		UART3: 5V GND RX TX				SWJ: 3.3V GND SWCLK SWDIO					
C		PPM	SBUS	PWM1	PWM2	PWM3	PWM4	PWM5	PWM6	PWM7	PWM8
		S	S	S	S	S	S	S	S	S	S
		5V	5V	5V	5V	5V	5V	5V	5V	5V	5V
		GND	GND	GND	GND	GND	GND	GND	GND	GND	GND
D		UART8: TX RX GND 5V				PowerADC: BatADC Current ADC GND 5V					
		IIC1: 5V GND SCL SDA				Power: 5V GND GND 5V					
E		GND 3.3V SCL SDA REST DC BLK									

2) 安装飞控

将飞控固定在 PCB 上，安装时注意飞控箭头与机头方向保持一致，固定时使用 3M 双面胶将飞控固定在 PCB 中心板白色方框内，如图 2-3-1 所示。

注意：飞控箭头应指向机头方向，并正对机头。

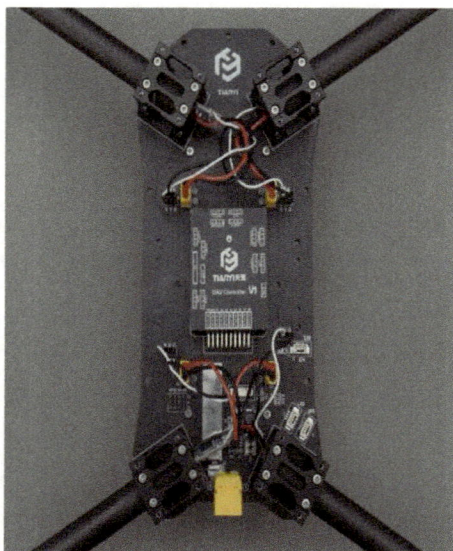

图 2-3-1　固定飞控

2. 系统接线

1) 飞控供电

将飞控 PowerADC 端口和 Power 端口与 PCB 中心板供电端口连接，如图 2-3-2 所示。

供电线共有 6 根引线，可以将其中一端接到 PCB 中心板供电端口，2 根引线的另一端连接到飞控的 Power 端口，而剩余的 4 根引线的另一端连接到飞控的 PowerADC 接口。

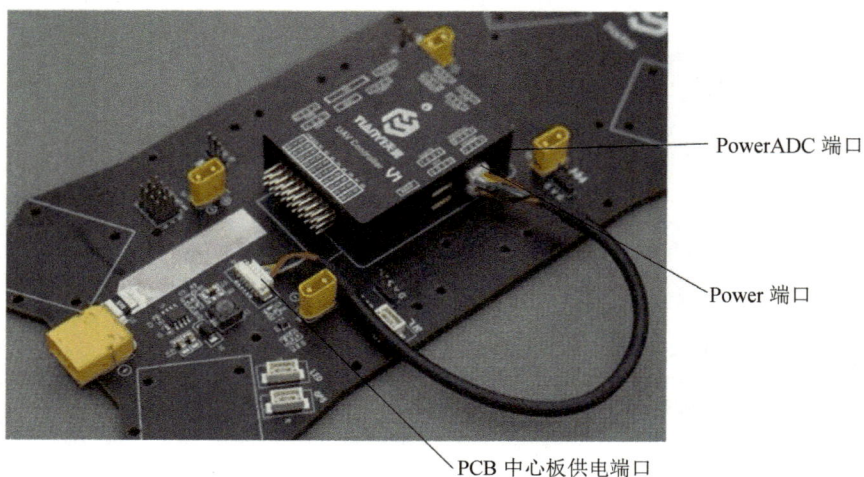

图 2-3-2　飞控供电

2) 电调供电线连接飞控与电调

将 1、2、3、4 号电机连接电调的信号线分别插在 PCB 中心板的 M1 ～ M4 口，电调的供电线安装在 PCB 中心板的电源插口，如图 2-3-3 所示。

注意：S 代表信号线（白色），5 V 代表电源线（红色），G 代表地线（黑色），黑色插头接信号线，黄色插头接供电线。

图 2-3-3　电调供电线连接

3) 杜邦线连接电调与飞控

使用杜邦线将电调与飞控相连，如图 2-3-4 所示。常见的杜邦线为白 / 红 / 黑色线或者黄 / 红 / 棕色线，注意 PCB 中心板与飞控上标有 S、V、G 字样，连接时不要接反。

图 2-3-4　电调与飞控连接

4) GPS 连接至飞控

GPS 引脚一共有两根线，绿色的线接 PCB 中心板，另外一根线接飞控的 GPS 串口，注意不要接反。

二、控制系统安装

1. 接收机安装

连接接收机时使用的线为杜邦线，常见的杜邦线由白、红、黑或黄、红、棕这三种色线组成，白色及黄色线为信号线，红色线接正极，黑色及棕色线接负极，如图 2-3-5 所示。

通常 S-BUS 模式下只需连接 CH9 接口，固定翼 PWM 模式下则需要连接所有接口。

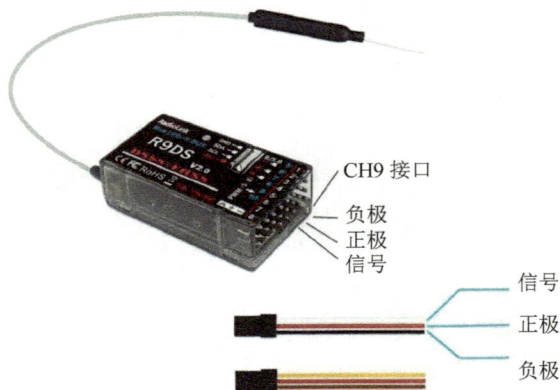

图 2-3-5　接收机接线原则

S-BUS 模式接线时，只需连接接收机 S-BUS 通道 (CH9 接口)，使用杜邦线连接接收机和飞控，杜邦线的信号线 (白色或黄色) 连接接收机 CH9 接口的左边针脚，黑色或棕色线连接右边负极针脚；飞控端杜邦线信号线朝上，如图 2-3-6 所示。

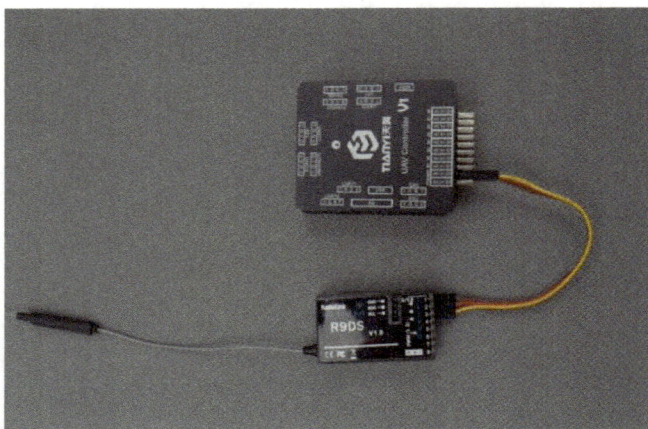

图 2-3-6　接收机与飞控连接

2. 遥控器设置

1) 遥控器对频

遥控器对频的具体操作方法如下：

(1) 将发射机和接收机保持 50 cm 左右的距离放在一起 (接收机与遥控器保持一定的距离进行对频，距离太近会导致信号堵塞无法对码)。

(2) 打开发射机电源开关，使遥控器处于开机状态。

(3) 给接收机通电，长按接收机侧面的开关 (ID SET) 1 s 以上，直至接收机红色 / 紫色 LED 灯进入闪烁状态时松开，接收机指示灯由闪烁变成常亮代表对频成功。

对频成功之后，需要检测是否完成对频。观察遥控器信号值是否满格。观察调参软件中遥控器部分信道打杆是否产生信号值的变化。若对频失败，则重复上述操作步骤。

2) 遥控模式设置

设置遥控模式的具体操作方法如下:

(1) 长按 Mode 键 1 s,进入基础菜单,转动 PUSH 键,选择"系统设置",轻按 PUSH 键 1 s,进入"系统设置"菜单。

(2) 转动 PUSH 键,选择"摇杆模式",轻按 PUSH 键 1 s,然后转动 PUSH 键,将"摇杆模式"选择为"2"(1 代表日本手,2 代表美国手)。

3) 通道配置

辅助通道的作用是通过对通道设置来达到控制相应通道的目的,从而用开关来实现一些辅助功能,如打开或关闭投物舱,打开或关闭释放烟雾的控制机器等,对每个辅助通道都可以自定义任意一个开关、滑杆或旋钮来控制(滑杆旋钮通常运用在云台相机),也可以将多个通道设置在同一个开关、滑杆或旋钮上,设置效果可在遥控器的"舵量显示"界面查看,如图 2-3-7 所示。

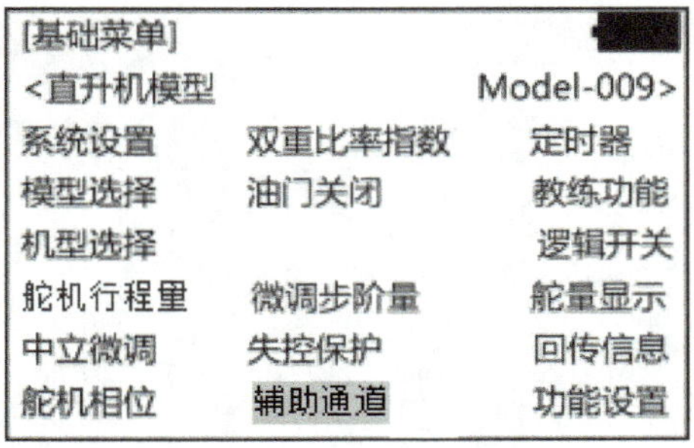

```
[基础菜单]
<直升机模型              Model-009>
系统设置      双重比率指数      定时器
模型选择      油门关闭         教练功能
机型选择                      逻辑开关
舵机行程量    微调步阶量        舵量显示
中立微调      失控保护         回传信息
舵机相位      辅助通道         功能设置
```

图 2-3-7　辅助通道

设置辅助通道的具体操作方法如下:

(1) 长按 Mode 键 1 s,进入基础菜单,转动 PUSH 键,选择"辅助通道",按 PUSH 键确认,如图 2-3-8 所示。

(2) 再次转动 PUSH 键,选择要设置的通道,按 PUSH 键确认。

(3) 继续转动 PUSH 键,按 PUSH 键确认,按 End 键返回。

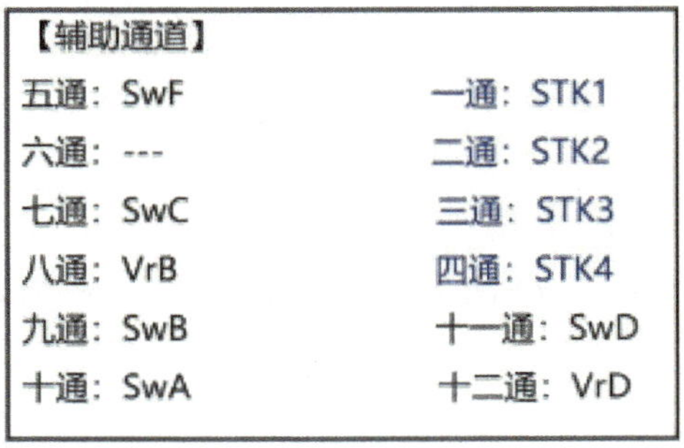

```
【辅助通道】
五通: SwF              一通: STK1
六通: ---              二通: STK2
七通: SwC              三通: STK3
八通: VrB              四通: STK4
九通: SwB              十一通: SwD
十通: SwA              十二通: VrD
```

图 2-3-8　辅助通道设置

4) 舵机行程量配置

舵机行程量指的是遥控器控制无人机舵量有效行程的大小。若将操纵杆置于最大位置，则模型的动作较小，可将该舵机对应通道的行程量百分比调大，反之可将行程量百分比调小。

设置方法：进入通道行程量设置菜单，按 PUSH 键选择需要设置的通道，转动滚轮即可调整通道行程量的大小。

5) 舵机相位配置

舵机相位功能用来改变舵机响应遥控器控制杆或开关的方向。具体设置方法如下：

进入"舵机相位"菜单，如图 2-3-9 所示，使用 PUSH 键确认需要设置舵机反相的通道，进行正相或反相的切换。设置通道反相后，应通过通道监视器仔细检查相应通道的设置是否正确，确定每个通道的舵机都是随遥控器作出响应的。

注意：在用 AT9S pro 遥控器控制多旋翼无人机时需要把 3 通道油门设置为反相。

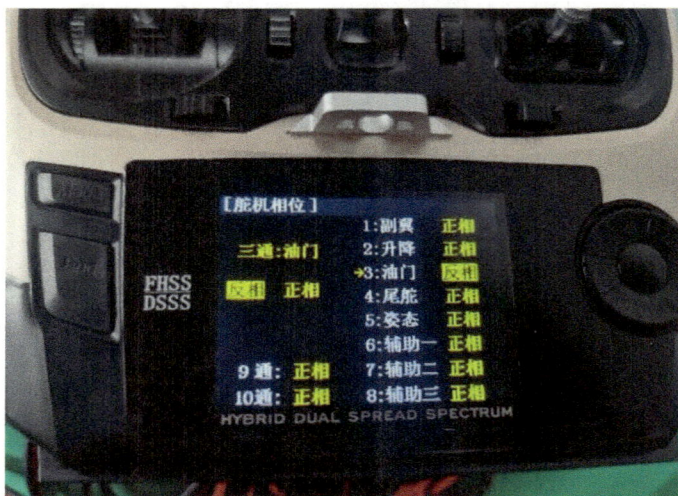

图 2-3-9　舵机相位

6) 系统设置

系统设置中可进行语言选择、用户名、摇杆模式、发射模式、背光调节、发射报警、接收报警、动力报警、锁屏时间、声音等设置。

(1) 语言选择：移动光标至"语言选择"，可以更改遥控器显示的文字语言。

(2) 用户名：移动光标至"用户名"，可以更改遥控器命名。

(3) 摇杆模式：在"摇杆模式"中可设置遥控器的控制方法（手形），摇杆模式中 1 为日本手、2 为美国手、3 为中国手、4 为自定义手型。

(4) 发射模式：当进行对频操作时，必须打开发射模式，否则将无法与接收机进行对接。使用遥控器进行模拟器练习时，可以将发射模式关闭，这样可以大大减少遥控器的电量损耗。

(5) 背光调节：可以调节遥控器显示屏幕的亮度。

(6) 发射报警：遥控器的电量在使用到预定报警值时，遥控器会发出振动和声音报警。（建议将 2S 锂电池预定报警值设置为 7.4 V，3S 锂电池预定报警值设置为 11.1 V，4S 锂电池预定报警值设置为 14.8 V。)

(7) 接收报警：当电池为接收机提供的电压低于预设值时，遥控器就会发出相应的振动和声音报警。

(8) 动力报警：动力报警电压为模型动力电池的最低电压，当模型的动力电池电压低于设定值时，遥控器会发出相应的振动和声音报警，防止模型因动力不足而损坏。

练习题

1. 根据本任务所学操作步骤和方法，完成多旋翼无人机飞控安装和系统接线。

2. 根据本任务所学操作步骤和方法，完成多旋翼无人机接收机安装，并进行遥控器设置。

实训任务单：飞控线路
连接和遥控器设置

练习题库：飞控线路
连接和遥控器设置

任务四　飞控参数调试校准

本任务主要学习多旋翼无人机飞控参数调试校准的相关内容，包括基本参数设置和高级参数设置，旨在使学生熟悉多旋翼无人机飞控参数调试校准的操作步骤，并在此基础上完成多旋翼无人机飞控参数的调试校准工作。

飞控参数
调试校准

一、基本参数设置

通过飞控生产商提供的链接下载相关调参软件及固件。

1. 固件更新

飞控固件是指飞控内主控计算机运行的程序文件。

固件更新方法如下：

通过 USB 将飞控连接至计算机（电脑），电脑会弹出一个 U 盘（飞控 SD 卡），将固件文件 (.hex) 放进 U 盘里的 ACFLY 文件夹中，然后重启飞控，等待固件升级完成，升级过程中飞控蓝灯快闪，此过程需 12 s 左右。固件更新完成后会自动删除 ACFLY 文件夹里的固件文件，以免下次上电重复更新。

2. 遥控器校准

遥控器校准是通过地面站软件对遥控器的各个通道进行校准，获得正确的通道行程，使飞行操控更加精准。校准方法如下：

(1) 将 4 个摇杆通道回中，将要设置的 2 ～ 3 个按钮置于通道值最大的位置。在 ACFIY 地面站中选择美国手、中国手或者日本手后，点击"校准遥控器"按钮，飞控进入遥控器校准模式，如图 2-4-1 所示。ACFLY 地面站有动画和文字提示，按照提示操作即可。

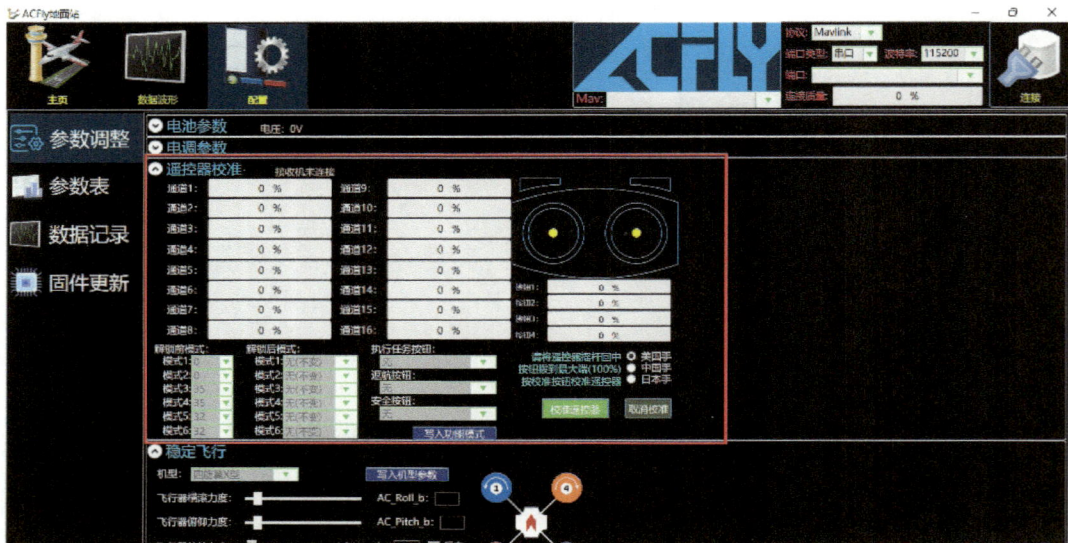

图 2-4-1　进入遥控器校准模式

(2) 等待蓝灯闪烁两次（蜂鸣器响两声），表示已记录所有摇杆初始位置。

(3) 按照界面遥控器摇杆方向提示操作遥控器。

3. 电调校准

无人机电调校准是飞控参数调试校准的一个重要步骤，它确保了无人机各个电调以相同的方式响应控制信号。为了保障安全，必须先卸掉桨叶。以下是无人机电调校准的操作步骤：

(1) 连接无人机和遥控器，确保操作正常并处于安全状态。

(2) 将所有电机连接到电调上，并将电调与无人机的主控板连接。

(3) 将遥控器油门向上推到最大并给无人机连接电源。此时电调会发出"嘀——嘀嘀嘀"的声音。

(4) 将油门置于低位，完成校准。

打开 ACFLY 地面站，将飞控通过 USB 与地面站连接，进行起转油门的设置。"天行者""铂金"等非多旋翼电调必须进行起转油门设置，如图 2-4-2 所示，一般将"天行者"起转油门设为 15。其他多旋翼电调可不用设置起转油门。修改完需点击"写入电调参数"按钮。

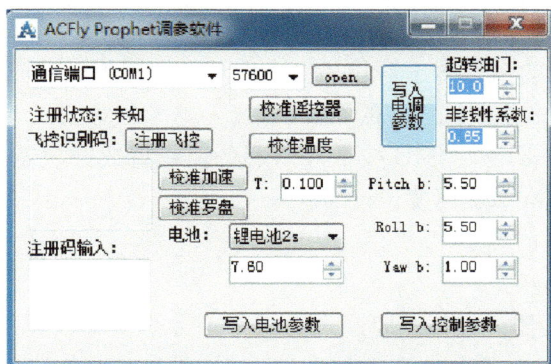

图 2-4-2　起转油门设置

非线性系数与电调刹车设置有关，普通电调（未开刹车）非线性系数一般为 0.45，开刹车一般为 0.1，DJI 电调一般为 0.75。修改完需点击"写入电调参数"按钮。

4. 指南针校准

指南针的磁针所指方向与地理位置上的南北（真经线）方向存在偏差角，即磁偏角。指南针通过计算磁偏角获得无人机当前机头朝向。在更换无人机飞行场地后均需要对指南针进行重新校准。

指南针校准方法如下：

(1) 将飞控状态灯切换至绿色慢闪。

(2) 设置遥控器油门为最小，偏航为最左，俯仰为最上，横滚为最左或点击调参软件中"校准罗盘"按钮，如图 2-4-3 所示，等待 2 s 左右，进入 M13_MagCalib 磁罗盘校准模式。

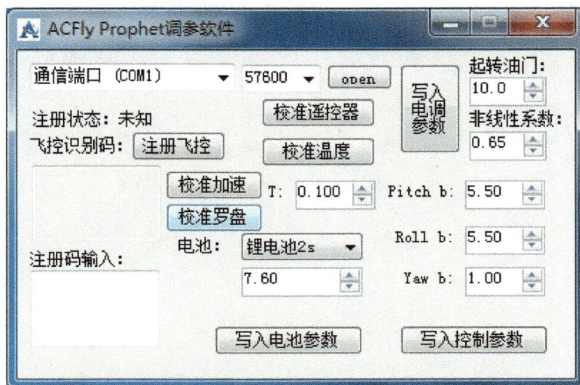

图 2-4-3　指南针校准

(3) 拿起无人机，对应六个方向分别旋转一圈，旋转时飞控指示灯显示蓝色，并由暗变亮指示当前进度。完成后飞控指示灯闪烁并可听到"嘀"的一声，表示校准完成，这时飞控指示灯显示绿色慢闪。

(4) 若飞控指示灯显示红色，则表示无人机没有采集数据，继续旋转无人机即可。

注意：必须重启飞控校准才会生效，可全部校准完陀螺仪和指南针再重启飞控。

5. IMU 校准

IMU(Inertial Measurement Unit) 是惯性测量单元，主要用来检测和测量加速度与旋转运动的传感器。最基础的惯性传感器包括加速度计和角速度计 (陀螺仪)，它们是惯性系统的核心部件，是影响惯性系统性能的主要因素。

在使用无人机前需要进行 IMU 校准，以避免因测量数据误差过大而导致飞行事故。IMU 校准包括陀螺仪校准和加速度计校准。

1) 陀螺仪校准方法

陀螺仪校准方法如下：

(1) 将飞控指示灯设置为绿色慢闪。

(2) 设置遥控器油门为最小，偏航为最右，俯仰为居中，横滚为最右，等待 2 s 左右，听到"嘀"的一声，表示进入陀螺校准模式，指示灯显示蓝绿色快闪。

(3) 保持飞控静止不动，等待 5 s 左右，听到"嘀嘀"两声，表示校准完成，退出校准模式，指示灯显示绿色慢闪。

(4) 如果校准过程中飞控不静止，则校准失败，指示灯显示红色并可听到"嘀"的一声，此时退出校准，然后重新打杆校准即可。

2) 加速度计校准方法

加速度计出厂时已进行过校准，一般情况下无需用户校准。加速度计校准方法如下：

(1) 将飞控指示灯设置为绿色慢闪。

(2) 设置遥控器油门为最小，偏航为最左，俯仰为最下，横滚为最左，或点击调参软件中"校准加速"按钮，如图 2-4-4 所示，等待 2 s 左右，进入 M12_ACCCalib 加速度校准模式。

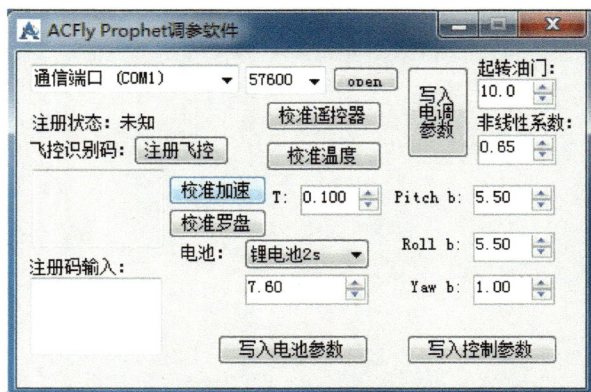

图 2-4-4　加速度计校准

(3) 将无人机分别摆放六个面 (不用按顺序，大概水平即可)，每个面需静止放置 5 s 左右，静止放置时飞控指示灯显示蓝色，并由暗变亮指示当前进度，表示正在采集数据校准，完成一个面校准后，指示灯会闪烁，然后变红并可听到"嘀"的一声，然后更换下一个面校准。全部六个面校准完毕后，会退出校准模式，飞控指示灯显示绿色慢闪。

(4) 飞控指示灯显示红色表示当前面已经校准，或者飞控在移动，无法校准。

二、高级参数设置

1. PID 简介

闭环自动控制技术都是基于反馈的概念以减少不确定性，其反馈的要素包括三个部分：测量、比较和执行。测量的关键是将被控变量的实际值与期望值相比较，用偏差来纠正系统的响应，从而实现调节控制的。在工程实际中，应用最为广泛的调节器的控制规律为比例、积分、微分控制，简称 PID 控制，又称 PID 调节。

多旋翼无人机在没有控制系统的情况下，直接用信号驱动电机带动螺旋桨旋转来产生控制力，这会出现动态响应太快或者太慢、控制过冲或者不足等现象，使得多旋翼无人机根本无法顺利完成起飞和悬停动作。为了解决这些问题，就需要在控制系统回路中加入 PID 控制器算法。在姿态信息和螺旋桨转速之间建立比例、积分和微分的关系，通过调节各个环节的参数大小，使多旋翼无人机系统控制达到动态响应迅速、既不过冲也不欠缺的目的。

不同 PID 值的具体表现，见表 2-4-1。

表 2-4-1　不同 PID 值的表现

较好的 PID 值的表现	不良的 PID 值的表现
(1) 动态响应迅速、及时； (2) 控制既不过冲也不欠缺； (3) 无抖动、飞行平稳、自稳能力强、动作迅速有力	(1) 动态响应太快或太慢； (2) 控制过冲或不足； (3) 抖动、无法顺利起飞和降落、自稳能力弱、摔机

2. PID 手动调参

1) PID 手动调参方法

PID 手动调参的方法有以下两种：

(1) 直接观察无人机的飞行情况，从感观上来判断问题所在，然后再逐步调试。

(2) 利用飞控调试软件的黑匣子功能，它里面有电机在飞行过程中的振荡记录，根据记录来调试。

2) PID 手动调参经验

(1) 无人机姿态抖动很厉害。这是因为 PID 的微分项过高。微分项有加速系统响应的功能，同时也会放大系统的噪声，导致无人机振动，因为多旋翼无人机本身就是一个多输入易受干扰的系统，所以微分项稍微过大就会导致无人机抖动非常大。

(2) 无人机不能定位，有小范围的晃动。这属于振荡现象，有可能是 PID 的比例项 P

过大或者过小、积分项 I 过大，具体要视情况而定。

(3) 无人机桨叶声音大、机动时有抖动现象。这是姿态控制中比例项 P 过大的原因，使得无人机对差值控制幅度过大，从而有一个较大姿态角输出，导致当前值与上一次值差别很大，而又只能在瞬间调节，所以才会有抖动的现象。

上述只是看现象进行飞控调试的一个经验，并不适用所有情况，具体情况要具体分析，要将多旋翼无人机调到一个比较好的状态还需要查看日志，分析无人机的位置、速度、角度的期望值与观测值，进行精确的调节。

练习题

根据本任务所学操作步骤和方法，进行多旋翼无人机飞控参数调试校准。

实训任务单：
飞控参数调试校准

练习题库：
飞控参数调试校准

任务五　多旋翼无人机飞行测试

本任务主要学习多旋翼无人机飞行测试的相关内容，旨在使学生掌握多旋翼无人机飞行测试的操作步骤，并在此基础上完成多旋翼无人机飞行测试工作。

多旋翼无人机
飞行测试

一、多旋翼无人机飞行测试准备

1. 飞行测试前注意事项

多旋翼无人机飞行测试前必须注意以下几个方面的检查工作，详见表 2-5-1。

表 2-5-1 多旋翼无人机飞行测试前检查事项

检查项目及内容	检查记录
1. 飞行平台室内检查	
(1) 检查机身是否有裂纹，飞行平台部件是否连接紧固	☐
(2) 检查机臂与电机安装座安装位置是否正确，螺钉是否紧固	☐
(3) 检查脚架是否连接紧固，脚架三通有无松动或损坏	☐
(4) 检查电池仓安装是否正确，螺钉是否紧固	☐
(5) 检查中心板安装是否正确，螺钉是否紧固	☐
2. 动力系统室内检查	
(1) 电机检查	
① 检查电机安装是否紧固，螺钉有无松动，如发现电机安装不紧固，应使用工具将电机安装紧固	☐
② 检查电机是否存在卡顿现象，如存在卡顿现象，则排查是否有异物卡入电机	☐
③ 检查电机轴是否弯曲变形，如存在弯曲变形，则需更换电机	☐
(2) 电调检查	
① 检查电调外观、线缆和插头否完好	☐
② 检查电调与分电板、电机、接收机各个接口之间连接是否紧固，焊接部分是否存在虚焊	☐
③ 无人机通电，检查电调提示音是否正常	☐
(3) 电池检查	
① 检查电池是否有鼓包、漏液和破损现象，线缆是否完好	☐
② 检查电池电量是否充足，电芯之间压差是否在合理范围内	☐
③ 检查电池安装位置是否合理，是否安装紧固	☐
(4) 螺旋桨检查	
① 检查螺旋桨位置与转向是否正确，安装是否紧固	☐
② 检查螺旋桨是否完整，有无裂缝和破损，如有损坏，则应及时更换新的螺旋桨，防止无人机在飞行中因振动过大出现事故	☐
3. 通信系统室内检查	
(1) 检查接收机安装是否紧固，连线是否正确	☐
(2) 检查接收机天线是否固定，螺旋桨转动时是否会对其造成损坏	☐
(3) 检查遥控器设置是否正确，电量是否充足，各挡位是否处在正确位置，各摇杆微调是否归零	☐
(4) 通电后，检查接收机与遥控器指示灯是否正常	☐

检查项目及内容	检查记录
4. 飞控系统室内检查	
(1) 主控模块检查	
① 检查主控模块安装位置是否合理，附近有无供电导线、电机和云台等设备，是否安装减震板，安装方向是否合理，箭头指向是否与机头方向一致	□
② 检查各组件接线是否正确，插头是否松动或接触不良	□
(2) GPS 模块检查	
① 检查 GPS 模块安装位置是否远离电机、电调、云台等设备，是否远离大电流供电线、分电线路板等容易产生电磁干扰的部件，是否远离具有大功率辐射的无线电收发设备	□
② 检查支架安装位置是否正确，安装是否紧固，箭头与飞行器机头方向是否一致	□

2. 无桨调试

多旋翼无人机无桨调试的主要内容如下：

(1) 连接所有线路，接通电源，进行首次通电测试，检查飞控、电调、电机和接收机是否正常通电，检查有没有出现短路或断路现象。

(2) 检查遥控器，进行对频及相关设置。

(3) 将飞控连接到电脑，用调试软件（地面站）对飞控进行调试。

(4) 接通电源，用遥控器解锁飞控，推动油门，检查 4 个电机的转向是否正确。

3. 有桨调试

多旋翼无人机有桨调试的主要内容如下：

(1) 安装螺旋桨：根据电机转向正确安装螺旋桨。

(2) 限制飞行器：将飞行器放在安全防护网内试飞，或通过捆绑的方式限制飞行器。飞行器第一次试飞可能会出现各种意外情况，通过防护网或捆绑可以有效地保护人员和设备安全。

(3) 飞行测试：通过飞行状态检验飞行器是否正常。

二、多旋翼无人机飞行测试

1. 测试工具

多旋翼无人机飞行测试工具包括无人机一架、遥控器一个、无人机满电电池两个、遥控器电池两个（满电备用）、螺丝刀一套、内六角扳手一套、带有地面站软件的笔记本电脑及鼠标、Micro-USB 数据线一根、螺旋桨正反桨各两个，如图 2-5-1 所示。

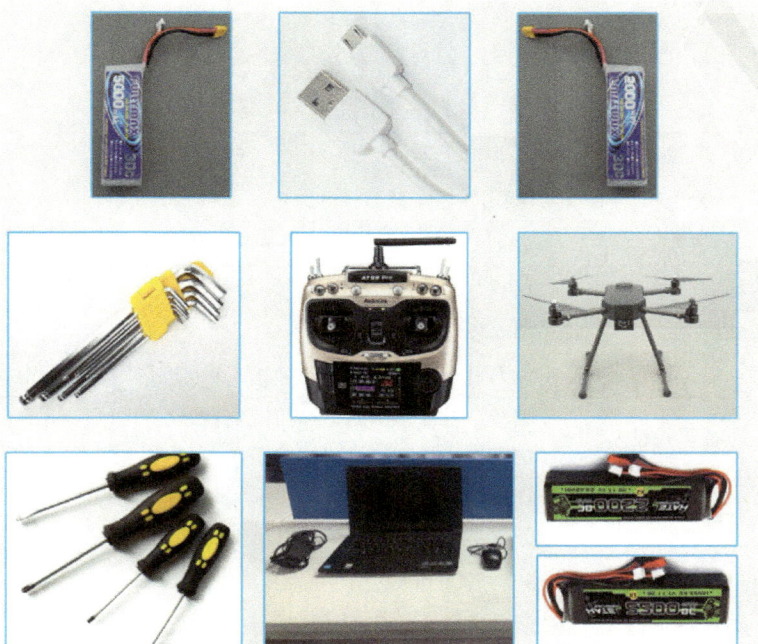

图 2-5-1　飞行前室外测试工具

2. 飞行测试

1) 测试稳定性

多旋翼无人机起飞先找悬停，观察悬停稳定性，然后测试各个舵面的反应，记录相关数据。

2) 测试其他飞行数据

测试无人机航时、飞行速度、上升速度、下降速度、抗风能力、耐高温、耐低温等性能数据。

3) 飞行数据微调

如果飞行测试过程中出现大幅晃动、高频振动、噪声过大等问题，需重新调整稳定飞行参数，如图 2-5-2 所示。

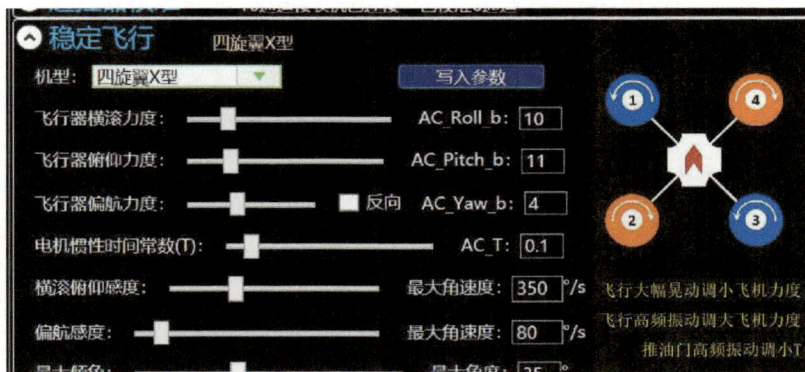

图 2-5-2　飞行数据微调

4) 记录并整理数据

飞行测试后，记录并整理数据，详见表 2-5-2。

表 2-5-2　飞行测试后数据记录

序号	项目	概　况
1	天气	晴朗，气温 25℃
2	风力	2 级风
3	地面站版本	1.3.77
4	固件版本	v3.6.12
5	稳定性	无人机定高模式、留待模式，无人机悬停状态稳定
6	飞行操控性	滚转、俯仰、偏航、油门控制良好； 定高模式、留待模式控制正常
7	续航时间	续航时间 14 min； 起飞电压 16.8 V，降落电压 14.8 V
8	电池型号	4S、5000 mAh
9	遥控器电压	起飞电压 8.4 V，降落电压 8.2 V
10	飞行平台状态	机臂、机身、脚架、螺旋桨、航电设备等情况良好、无破损

飞行测试后数据记录与整理的作用：

(1) 飞行状态追溯。可根据飞行记录表信息，对往期飞行状态进行查看。

(2) 飞行情况分析。根据飞行记录表信息，可进行飞行情况分析，进而合理优化飞行参数。

(3) 飞行器性能分析。可根据飞行器飞行数据，进行飞行器性能平衡与把控。

练习题

根据本任务所学知识和操作步骤，完成多旋翼无人机的飞行测试工作，并在表 2-5-3 中记录多旋翼无人机飞行测试前检查过程，在表 2-5-4 中记录飞行测试相关数据。

实训任务单：多旋翼
无人机飞行测试

练习题库：多旋翼
无人机飞行测试

表 2-5-3 多旋翼无人机飞行测试前检查表

检查项目及内容	检查记录	实施人
1. 飞行平台室内检查		
(1) 检查机身是否有裂纹，飞行平台部件是否连接紧固	☐	
(2) 检查机臂与电机安装座安装位置是否正确，螺钉是否紧固	☐	
(3) 检查脚架是否连接紧固，脚架三通有无松动或损坏	☐	
(4) 检查电池仓安装是否正确，螺钉是否紧固	☐	
(5) 检查中心板安装是否正确，螺钉是否紧固	☐	
2. 动力系统室内检查		
(1) 电机检查		
① 检查电机安装是否紧固，螺钉有无松动，如发现电机安装不紧固，应使用工具将电机安装紧固	☐	
② 检查电机是否存在卡顿现象，如存在卡顿现象，则排查是否有异物卡入电机	☐	
③ 检查电机轴是否弯曲变形，如存在弯曲变形，则需更换电机	☐	
(2) 电调检查		
① 检查电调外观、线缆和插头否完好	☐	
② 检查电调与分电板、电机、接收机各个接口之间连接是否紧固，焊接部分是否存在虚焊	☐	
③ 无人机通电，检查电调提示音是否正常	☐	
(3) 电池检查		
① 检查电池是否有鼓包、漏液和破损现象，线缆是否完好	☐	
② 检查电池电量是否充足，电芯之间压差是否在合理范围内	☐	
③ 检查电池安装位置是否合理，是否安装紧固	☐	
(4) 螺旋桨检查		
① 检查螺旋桨位置与转向是否正确，安装是否紧固	☐	
② 检查螺旋桨是否完整，有无裂缝和破损，如有损坏应及时更换新的螺旋桨，防止无人机在飞行中因振动过大出现事故	☐	
3. 通信系统室内检查		
(1) 检查接收机安装是否紧固，连线是否正确	☐	
(2) 检查接收机天线是否固定，螺旋桨转动时是否会对其造成损坏	☐	
(3) 检查遥控器设置是否正确，电量是否充足，各挡位是否处在正确位置，各摇杆微调是否归零	☐	
(4) 通电后，检查接收机与遥控器指示灯是否正常	☐	

续表

检查项目及内容	检查记录	实施人
4. 飞控系统室内检查		
(1) 主控模块检查		
① 检查主控模块安装位置是否合理，附近有无供电导线、电机和云台等设备，是否安装减震板，安装方向是否合理，箭头指向是否与机头方向一致	☐	
② 检查各组件接线是否正确，插头是否松动或接触不良	☐	
(2) GPS 模块检查		
① 检查 GPS 模块安装位置是否远离电机、电调、云台等设备，是否远离大电流供电线、分电线路板等容易产生电磁干扰的部件，是否远离具有大功率辐射的无线电收发设备	☐	
② 检查支架安装位置是否正确，安装是否紧固，箭头与飞行器机头方向是否一致	☐	

表 2-5-4　飞行测试数据记录与整理表

序号	项目	概　况
1	天气	
2	风力	
3	地面站版本	
4	固件版本	
5	稳定性	
6	飞行操控性	
7	续航时间	
8	电池型号	
9	遥控器电压	
10	飞行平台状态	

学习评价

本任务完成后，请从知识目标、技能目标和素养目标等维度，对任务实施过程、任务结果和工作态度等按照"优""良""中""差"进行评价。若始终能够超越学习目标要求，则为"优"；若始终能够维持或偶尔超出学习目标要求，则为"良"；若始终基本达到学习目标要求，则为"中"；若始终低于学习目标要求，则为"差"。

表 2　多旋翼无人机组装与调试评价表

项目名称	多旋翼无人机组装与调试		
班　级		姓名	
完成方式	小组合作完成		
评价项目	评价标准	教师评分	自我评分
知识目标	是否了解多旋翼无人机的概念		
	是否掌握多旋翼无人机的分类		
	是否了解装调实训无人机机体各组件的作用		
	是否了解飞控接口定义以及遥控器的相关功能		
	是否熟悉多旋翼无人机飞控参数调试校准的内容和操作步骤		
	是否熟悉多旋翼无人机飞行测试工作的内容和操作步骤		
技能目标	是否能够完成多旋翼无人机机体组装以及动力系统组装		
	是否能够完成多旋翼无人机飞控子系统安装和线路连接		
	是否能够完成多旋翼无人机控制系统安装及设置		
	是否能够完成多旋翼无人机飞控参数的调试校准		
	是否能够完成多旋翼无人机飞行测试准备工作		
	是否能够完成多旋翼无人机飞行测试工作		
素养目标	工作态度	态度端正，无无故缺勤、迟到、早退的现象		
	工作规范	能正确理解并按照项目要求开展任务		
	协调能力	与同学之间能够合作交流、互相帮助、协调工作		
	职业素质	实施任务中认真、细致、严谨地对待每个工作细节		
	创新意识	对规范或要求深入理解，不拘泥于给定的思路，进行创新操作		
综合评价			
存在的主要问题			

项目测试

1. 多旋翼无人机的分类有哪些？
2. 多旋翼无人机机体组件有哪些？
3. 电调信号线、供电线连接到下中心板上时，需要注意哪些问题？
4. 多旋翼无人机有哪些飞控参数需要校准？
5. 多旋翼无人机飞行测试前的注意事项包括哪些？

项目三　垂直起降固定翼无人机组装与调试

学习目标

知识目标

1. 了解垂直起降固定翼无人机的概念、分类、特点、发展及控制原理。
2. 熟悉垂直起降固定翼无人机的结构组成。
3. 掌握垂直起降固定翼无人机机体组装的操作步骤。
4. 熟悉垂直起降固定翼无人机飞控系统调试的内容和操作步骤。
5. 掌握垂直起降固定翼无人机固定翼动力系统测试、旋翼系统测试和动力转换测试的步骤和方法。
6. 掌握垂直起降固定翼无人机飞行测试地面站任务规划的方法。

技能目标

1. 能够完成垂直起降固定翼无人机机体组装。
2. 能够完成垂直起降固定翼无人机飞控系统基本参数设置、遥控器校准和指南针校准。
3. 能够完成垂直起降固定翼无人机的固定翼动力系统测试、旋翼系统测试和动力转换测试。
4. 能够按照任务要求完成垂直起降固定翼无人机的地面站任务规划和执行飞行任务。

素养目标

1. 在实训过程中树立符合企业要求的安全、保密、责任意识。
2. 养成严谨诚信、团结合作、规范操作的职业素养。

任务一　垂直起降固定翼无人机基础知识

本任务主要学习垂直起降固定翼无人机的相关内容，旨在使学生了解垂直起降固定翼无人机的概念、分类特点、结构组成以及发展历程等，为后面系统知识的学习奠定理论基础。

垂直起降固定翼
无人机基础知识

一、了解垂直起降固定翼无人机

1. 概念

垂直起降固定翼无人机是指起降过程采用可控垂直方式的固定翼无人机，是一种有效结合多旋翼无人机垂直起降能力和固定翼无人机高效巡航能力的复合型无人机。

2. 分类

1) 根据布局形式分类

根据布局形式的不同，垂直起降固定翼无人机可分为复合翼布局、尾坐式布局、倾转旋翼布局等类型。其中，尾坐式布局和倾转旋翼布局无人机在起降和平飞过程中共用一套螺旋桨动力，而复合翼布局无人机在起降和平飞过程中采用两套独立的螺旋桨动力。

2) 根据动力系统类型分类

根据动力系统的不同类型，垂直起降固定翼无人机可分为纯电动、油电混合垂直起降固定翼无人机两大类。

纯电动垂直起降固定翼无人机可实现电动垂直起降、RTK 精准定位、全自动飞行模式、自动航线规划、高清图像回传、智能目标跟随、任务载荷模块化设计等功能，能够快速执行侦查、搜索、识别、追踪和巡检等任务。

油电混合垂直起降固定翼无人机采用油动力与电动力互补技术，突破性地解决了固定翼无人机受跑道、环境、操控人员技术要求高等条件限制的问题，实现了固定翼无人机依靠动力电池垂直起飞、悬停，接着依靠油动力固定快速飞行及返航，再依靠动力电池悬停、垂直降落的全部功能，既有垂直起降和悬停的能力，又有机动速度快、航程远、航时长和受使用条件限制少的优点。

3. 特点

(1) 垂直起降固定翼无人机飞行平台具备垂直起降能力，对起降点要求低，整个系统执行任务方便、灵活，适合在硬件条件比较恶劣的边境线、边境重要区域执行飞行任务。

(2) 垂直起降固定翼无人机飞行系统续航时间长、覆盖范围广，通过挂载相应专用设备可对目标进行空中侦察、跟踪、拍摄取证，具备在任务点实施长时间的持续监视能力。

(3) 垂直起降固定翼无人机载荷能力大，作业类型丰富，可通过挂载航摄相机、激光雷达、合成孔径雷达、光电吊舱等任务载荷，获取各类图像、影像、音频等丰富的数据，并可进行夜间作业。

(4) 垂直起降固定翼无人机飞行速度快，可对任务点进行大范围监控预警，并快速抵达目标点，提高了边防反应能力，并可将实时数据回传，提高了边防部门的信息协同能力。

4. 控制原理

1) 起飞原理

垂直起降固定翼无人机采用与多旋翼无人机相同的起飞原理，当垂直起降固定翼无人机起飞到达一定高度后就切换至固定翼姿态模式，这时无人机的固定翼动力系统将启动。切换过程中，飞控将自动保持无人机的飞行高度直到切换成功 (达到固定翼最小空速则判断为切换成功)，切换成功后，多旋翼部分将缓慢关闭，无人机进入纯固定翼模式飞行。

2) 降落原理

在执行完毕飞行任务后，垂直起降固定翼无人机会飞行至预定降落位置上空，这时使用地面站软件或遥控器切换至多旋翼模式，无人机动力系统中多旋翼部分的 4 个电机将开始工作，固定翼动力系统停止工作。当垂直起降固定翼无人机达到悬停状态时，代表切换成功，然后无人机缓慢垂直降落到预定地点。

二、了解垂直起降固定翼无人机的结构组成

垂直起降固定翼无人机的结构组成主要包括机体、动力系统和控制系统三个部分。

1. 机体

垂直起降固定翼无人机的机体组件主要包括机身、机翼、旋翼、尾翼。

2. 动力系统

垂直起降固定翼无人机的动力系统包括固定翼部分和旋翼部分。

1) 固定翼部分

动力系统的固定翼部分如图 3-1-1 所示，其常在巡航阶段高速状态下使用。

动力系统的
固定翼部分

图 3-1-1　动力系统固定翼部分

2) 旋翼部分

动力系统的旋翼部分包括 4 个螺旋桨、4 个电机和 2 个旋翼轴，如图 3-1-2 所示。旋翼部分常在起降及低速状态下使用，按照多轴模式飞行。

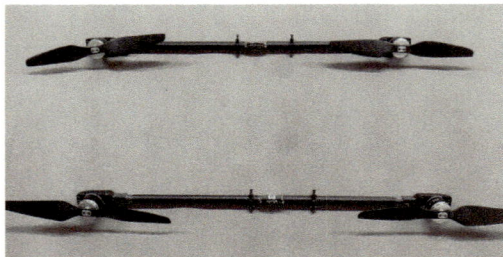

图 3-1-2　动力系统旋翼部分

3. 控制系统

垂直起降固定翼无人机的控制系统主要包括飞控、接收机、数传电台。

1) 飞控

飞控如图 3-1-3 所示，它是垂直起降固定翼无人机的核心系统，主要由主控电脑、陀螺仪、加速度计、气压计、空速管、磁罗盘、GPS 模块等部件组成，用来稳定无人机的飞行姿态和控制无人机自主或半自主飞行。

图 3-1-3　飞控

2) 接收机

接收机如图 3-1-4 所示，其作用是接收遥控器信号。

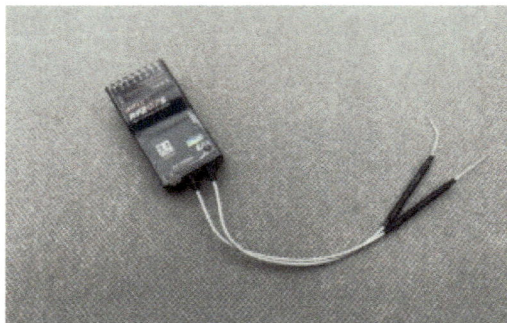

图 3-1-4　接收机

3) 数传电台

数传电台又叫无线数传模块，如图 3-1-5 所示。在垂直起降固定翼无人机中，数传电台将信号传给控制终端，同时通过终端操作将信号传至无人机，实现可靠操控。通过数传电台可以实现数据的高效实时传输。

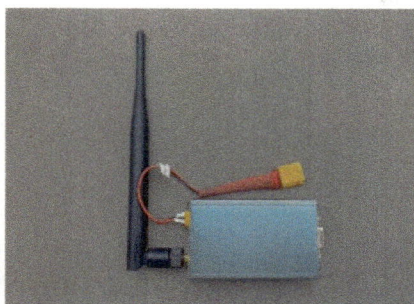

图 3-1-5　数传电台

三、了解垂直起降固定翼无人机的发展历程

1. 第一阶段

20 世纪 60 年代，美国军方开始研究垂直起降固定翼无人机技术，目的是在军事侦察、监视方面有更多的选择。在此期间，美国陆军和海军陆战队分别研制了 XM-407 和 Ryan XV-5 Vertifan 等垂直起降固定翼无人机。20 世纪 70 年代，美国陆军研制了 VZ-4DA Vertol 垂直起降固定翼无人机，用于进行高空气象观测。

垂直起降固定翼
无人机的发展

2. 第二阶段

20 世纪 80 年代，随着计算机技术和遥控技术的发展，垂直起降固定翼无人机开始逐渐应用于民用领域。德国 Eurocopter 公司研制了一种名为 VFW-614 的垂直起降固定翼无人机，用于进行民用航空的气象观测和飞行测试。

3. 第三阶段

21 世纪初，随着无人机技术的快速发展，垂直起降固定翼无人机开始得到广泛应用。垂直起降固定翼无人机具有对起降场地要求低、机动性好、巡航速度高、航时长等优势，在军用和民用领域都具有极为广泛的应用前景，是目前航空领域的研究热点。目前国内外在研垂直起降固定翼无人机仍是以倾转旋翼式和尾座式为主流构型，但由于现有技术尚无法满足未来战场对垂直起降固定翼无人机快速响应能力、快速到达能力的极高要求，因此需要进一步进行技术突破创新。

4. 第四阶段

随着分布式电推进技术在飞机总体、气动、动力、控制上逐渐展示出无可比拟的优势，基于分布式电推进技术的高速垂直起降固定翼无人机技术或将成为未来航空领域新热点。

因此需要深入挖掘分布式电推进技术在飞行器总体、动力、气动、控制等方面的效益，加强对垂直起降固定翼无人机新构型、新原理的探索性研究，为我国未来的垂直起降固定翼无人机装备发展提供技术更成熟、性能更先进、选择更多样的解决方案。

练习题

根据本任务所学内容，思考垂直起降固定翼无人机的控制原理。

练习题库：垂直起降
固定翼无人机整体

垂直起降固定翼
无人机机体组装

任务二　垂直起降固定翼无人机机体组装

本任务主要学习垂直起降固定翼无人机机体组装的相关内容，包括垂直起降固定翼无人机机翼组装、尾翼组装以及前拉桨叶安装，旨在使学生掌握垂直起降固定翼无人机机体组装的流程和方法。

垂直起降固定翼
无人机机体组装

本任务以飞龙 2160 型垂直起降固定翼无人机机体组装为例，飞龙 2160 型垂直起降固定翼无人机为成品模块化无人机，安装便捷快速。

一、机翼组装

垂直起降固定翼无人机机翼组装的操作步骤如下：

(1) 左机翼如图 3-2-1 所示，注意：凸面为机翼上表面，副翼活动面朝后，碳杆凸出的一侧在右边的为左机翼，在左边的为右机翼。带有 L 标识的左旋翼臂如图 3-2-2 所示，带有 R 标识的为右旋翼臂。

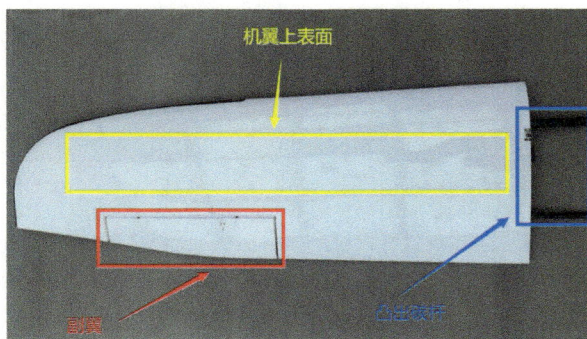

图 3-2-1　左机翼

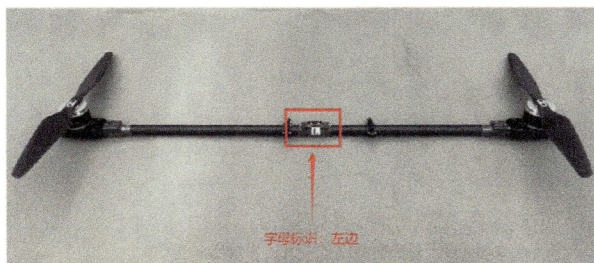

图 3-2-2　左旋翼臂

(2) 拿出带有空速管的左右机翼和左右旋翼臂,将左右机翼的卡扣面朝上放置,如图 3-2-3 所示,然后将左右旋翼臂插口对准机翼卡扣,按压紧实。

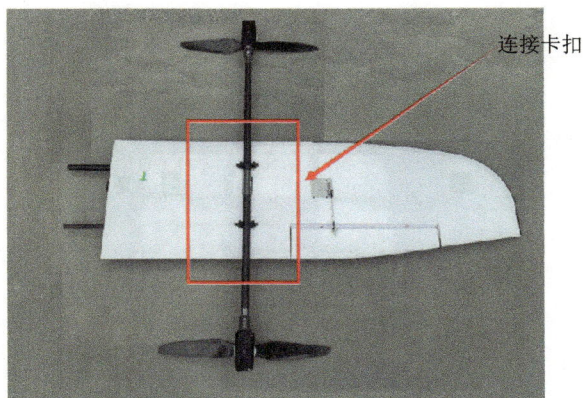

图 3-2-3　安装机翼和旋翼臂

(3) 将左机翼与右机翼分别安装在机身上。将机翼碳杆对准机身上的两个机翼的安装插口缓慢插入,快插入到尽头时,将机身主体上方的两个小按钮同时按压,接着继续插入机翼,安装完成后,扣上两侧机翼的锁扣。注意右机翼前侧的空速管容易损坏,安装右机翼时请小心安装。

(4) 打开机舱盖,将两侧机翼的通电插口按压紧实,如图 3-2-4 所示,确保机翼供电正常。

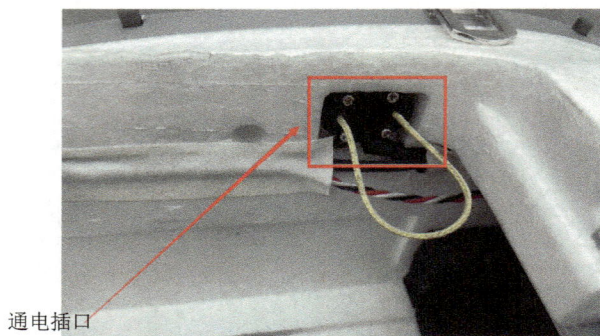

通电插口

图 3-2-4　按压机身通电插口

二、尾翼组装

垂直起降固定翼无人机尾翼组装的操作步骤如下：

(1) 将垂直尾翼插入水平尾翼上方的安装口内。

将垂直尾翼竖直拿起，活动面朝后，碳杆凸出一头朝下，对准如图 3-2-5 所示的水平尾翼上方的两个插口，将其插入到水平尾翼上方，接着把水平尾翼上方的舵机与活动面下方插口调整平行，然后插入。

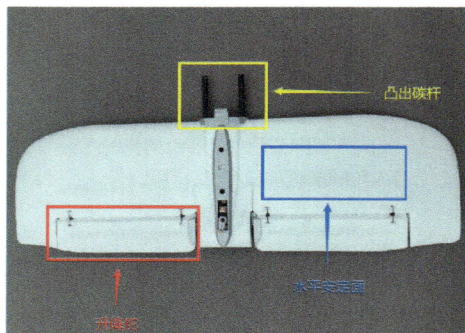

凸出碳杆

水平安定面

升降舵

图 3-2-5　水平尾翼

(2) 将垂直起降固定翼无人机尾翼安装在机身上，如图 3-2-6 所示。

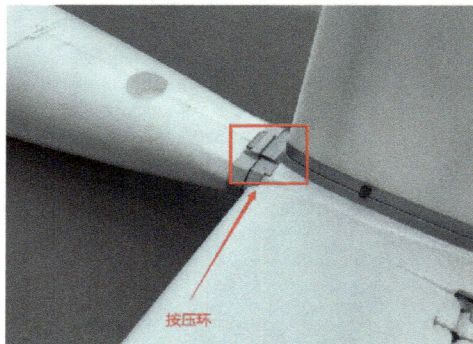

按压环

图 3-2-6　连接尾翼与机身

最后将已经安装好的尾翼插入机身连接口。

三、前拉桨叶安装

如图 3-2-7 所示，将前拉电机上的固定螺母拆下，安装前拉桨叶，然后将固定螺母装上，使用螺丝刀进行紧固。注意桨叶的凸面为迎风面，朝向前方。

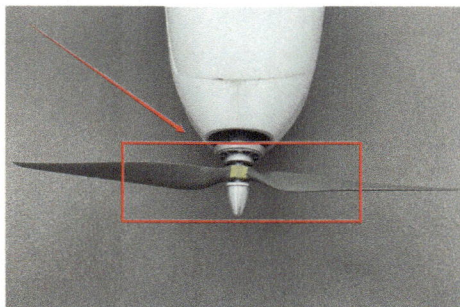

图 3-2-7　前拉桨叶安装

练习题

根据本任务所学操作步骤和方法，完成垂直起降固定翼无人机机体组装。

练习题库：垂直起降
固定翼无人机机体组装

实训任务单：垂直起降
固定翼无人机机体组装

任务三　垂直起降固定翼无人机飞控系统安装

本任务主要学习垂直起降固定翼无人机飞控理论知识和飞控系统的安装，旨在使学生掌握垂直起降固定翼无人机飞控系统安装要点，为后续的组装与调试奠定基础。

垂直起降固定翼
无人机飞控系统安装

一、飞控系统安装

1.飞控接口定义

一般垂直起降固定翼无人机采用的飞控都是较为智能化的商业飞控，图 3-3-1 为飞控接口的定义图，详细接口定义如表 3-3-1 所示。

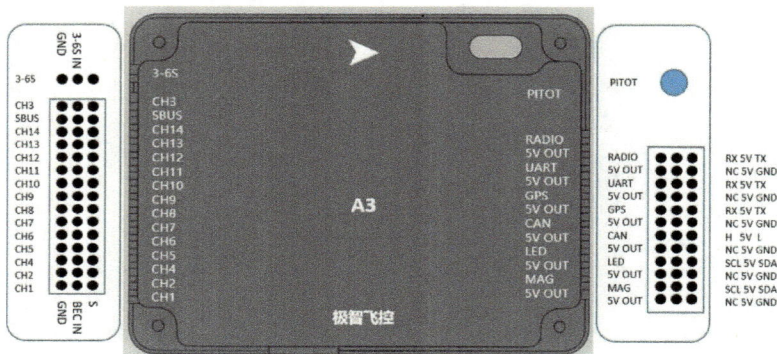

图 3-3-1　飞控接口

表 3-3-1　飞控接口通道连接表

飞控接口	接口定义
CH1	左副翼
CH2	左升降舵
CH3	前拉电机
CH4	方向舵机
CH5	右副翼
CH6	右前电机
CH7	左后电机
CH8	空
CH9	相机快门
CH10	相机对焦
CH11	热靴反馈
CH12	左前电机
CH13	右后电机
CH14	右升降舵
SBUS	接收机
PITOT	空速管
RADIO	机载数传电台
GPS	GPS 模块
MAG	磁罗盘

2.飞控安装

用纳米双面胶将飞控固定在飞控安装板上（注意飞控箭头方向），插入机舱预置的安装槽中，如图 3-3-2 所示。

注意：本飞控支持异位安装，可根据实际情况改变飞控指向进行安装，只需要后期在飞控系统的设置中重新更改飞控安装位置即可。

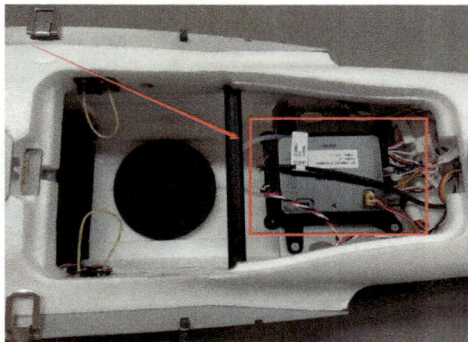

图 3-3-2　飞控安装

完成飞控安装后，要进行飞控线路连接。飞控线路连接时要根据飞控接口定义进行正确连接。

飞控安装过程需要注意以下几点：

(1) 如果是多股线，则白色信号线朝上插入；如果是单股线，则线朝上插入；按顺序逐个接线。

(2) GPS 卡槽设计（防插错），GPS 箭头指向无人机机头方向。

(3) 主控箭头可不指向机头。

(4) 建议先将飞控半插进机舱再接线。

二、接收机安装

将接收机用魔术贴粘贴在靠近无人机尾部的位置，并连接主控的 S-BUS 接口，如图 3-3-3 所示；将接收机两副天线呈 90°打开放置，并使用纤维胶带固定。

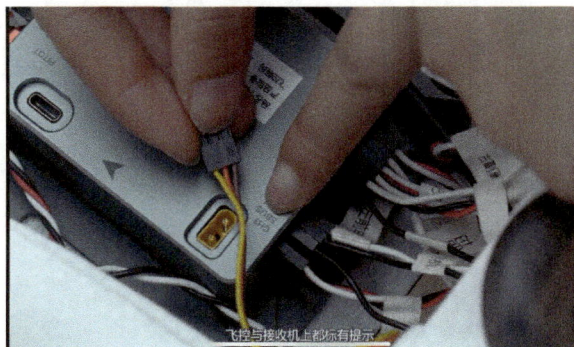

图 3-3-3　接收机安装

三、数传电台安装

数传电台天空端如图 3-3-4 所示，应接主控的 RADIO 端口，将数传波特率配置为 115 200，飞控 RX 端口接数传 TX 端口，飞控 TX 端口接数传 RX 端口（仅支持 TTL 接口数传，如果是 RS232，则需要外置 TTL 转 232 模块）。

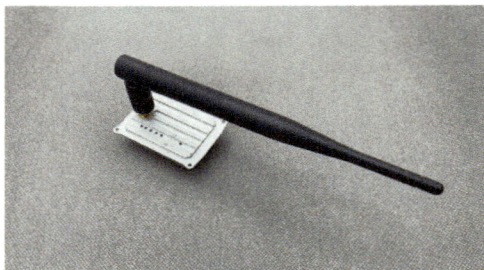

图 3-3-4　数传电台天空端

取出数传电台地面端如图 3-3-5 所示（自带天线），然后安装电源，仅支持压线方式，此时电源灯亮，若状态异常，则灯无显示。

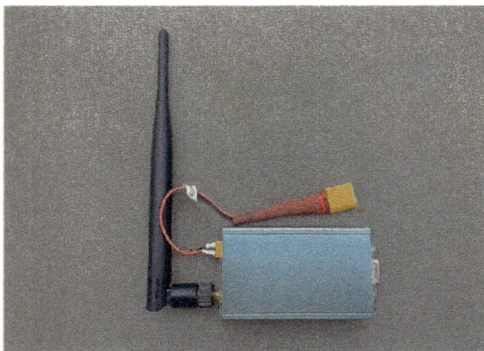

图 3-3-5　数传电台地面端

如图 3-3-6 所示使用 USB 转 VGA 线将电脑与数传电台地面端相连接。

图 3-3-6　电脑与数传电台地面端相连接

四、空速管安装

无人机空速管是一个测量无人机相对空气速度的传感器，其主要功能是用来判断无人机在飞行过程中的空速情况。无人机空速管一般是利用差压原理测量来实现空速计算的，即在气流中流动的液体（通常为水、油或气体）的动态压强和静态压强的差值可以反映空气流动的速度。因此，无人机空速管可通过测量动态压力和静态压力之间的差值，进而计算出无人机在空气中的速度，并输出相应的数值。在实际应用中，无人机空速管的测量数据常被用于无人机的飞行控制、导航和自主飞行等方面。

飞龙无人机的空速管已经内置在机翼中并留有可安装的软管，将软管接到飞控上即可，如图 3-3-7 所示。

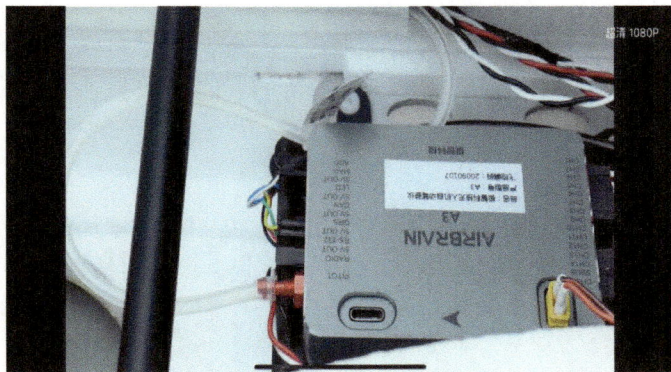

图 3-3-7　空速管安装

练习题

根据本任务所学操作步骤和方法，完成垂直起降固定翼无人机飞控系统的安装。

练习题库：垂直起降固定翼
无人机飞控系统安装

实训任务单：垂直起降固定翼
无人机飞控系统安装

任务四　垂直起降固定翼无人机飞控系统调试

本任务主要学习垂直起降固定翼无人机飞控系统调试的相关内容，旨在使学生掌握垂直起降固定翼无人机飞控系统的基本参数设置、遥控器设置以及校准的方法。

垂直起降固定翼
无人机飞控系统调试

一、基本参数设置

垂直起降固定翼无人机飞控系统基本参数设置需在"极智地面站"软件上进行，如图3-4-1所示。在电脑端打开浏览器，在搜索引擎中搜索"极智科技官网"，在官网下载地面站软件。

V3.6.4

极智地面站

更新日期:2022.11.29

立即下载 >

图 3-4-1　地面站软件图标

1. 连接飞控并更新飞控固件

连接飞控并更新飞控固件的操作步骤如下。

步骤1：使用 USB　Type-C 数据线将飞控与电脑连接，打开"极智地面站"软件，如图3-4-2所示，选择"UAV"→"连接飞机"。

步骤2：检查并更新飞控固件。

(1) 选择"UAV"→"更新飞机固件"。

(2) 按照提示步骤完成飞控固件更新操作，如图3-4-3所示。

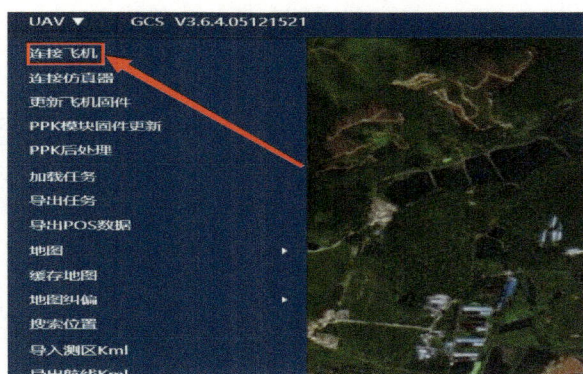

图 3-4-2　连接飞机

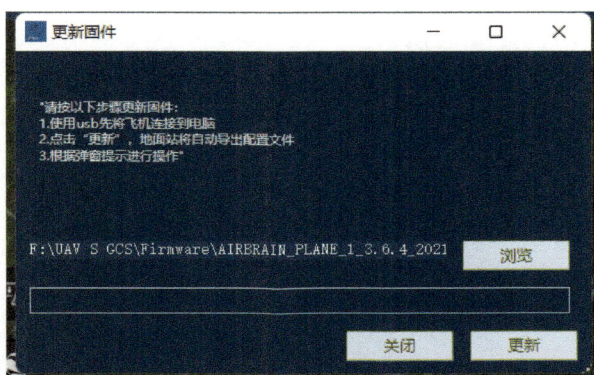

图 3-4-3　更新飞控固件

(3) 更新完成后断开连接线。

注意更新飞控固件前，请先对当前固件进行保存，更新飞控固件时，应断开动力电池，仅使用 USB 将飞控连接至电脑。

步骤 3：连接数传电台。

(1) 将机载数传天线与机载数传电台接口相连，如图 3-4-4 所示。

(2) 用 USB 转 VGA 线将地面数传电台连接至电脑，并给地面数传电台进行单独供电，如图 3-4-5 所示。

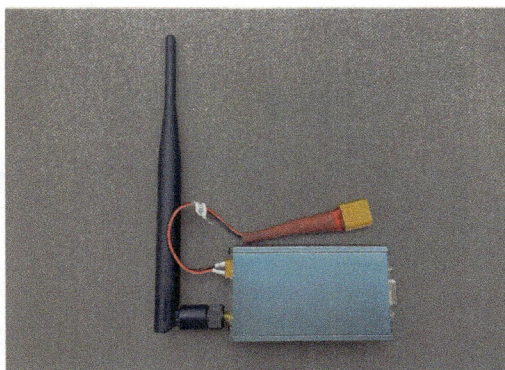

图 3-4-4　数传电台

图 3-4-5　通过数传电台连接飞控

步骤 4：无人机供电。

使用动力电池给垂直起降固定翼无人机供电，注意插头不要插反。

步骤 5：开放高级设置功能。

返回地面站软件，如图 3-4-6 所示，选择"设置"→"高级设置"，勾选"开放高级设置功能"。

图 3-4-6　开放高级功能设置

步骤 6：导入飞控配置文件。

选择"UAV"→"飞控设置"，然后在"飞控设置"下选择"配置文件"→"导入配置文件"，导入对应机型初始配置文件，如图 3-4-7 所示。

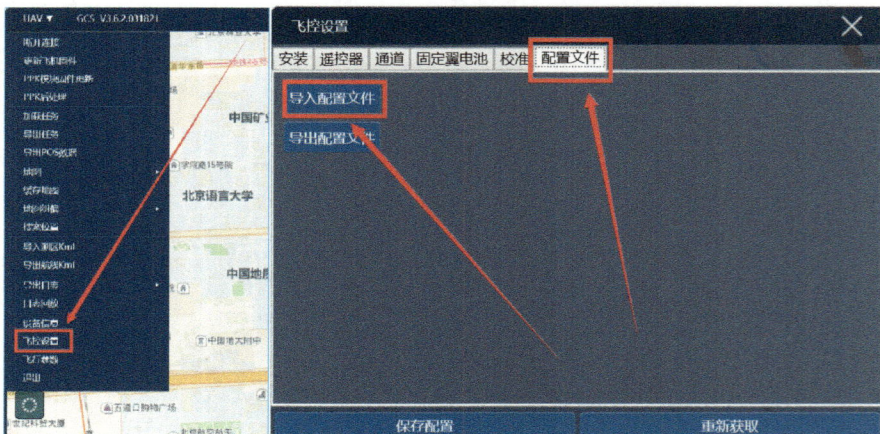

图 3-4-7　导入配置文件

配置文件一般由飞控的生产厂商提供，配置文件内记录了机型、飞控安装方向、遥控配置、通道配置、电池参数、飞行参数等内容。

2. 飞控基本参数设置

设置飞控基本参数的操作步骤如下。

步骤 1：设置飞控安装方向。

如图 3-4-8 所示，在"飞控设置"下选择"安装"，然后在"飞控安装方向"下拉框中选择"箭头朝向机头"。飞控安装方向有四种选择："箭头朝向机头""箭头朝向机尾""箭头朝向左机翼""箭头朝向右机翼"，根据飞控实际安装的方向进行选择。

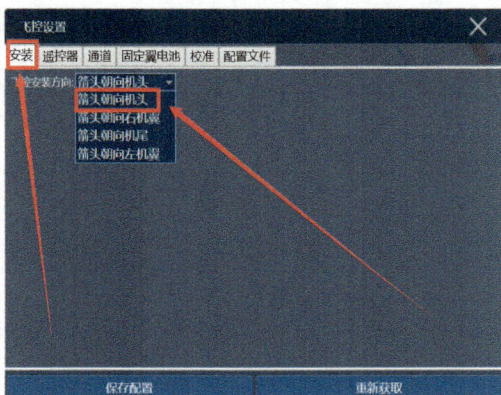

图 3-4-8　设置飞控安装方向

步骤 2：设置飞控中的遥控器功能。

(1) 如图 3-4-9 所示，在"飞控设置"下选择"遥控器"，进行命令杆校准。遥控器的前 4 个通道遵循 1 副翼 2 升降 3 油门 4 方向，除前 4 个通道以外，还要设置通道 8 的一个三段开关。

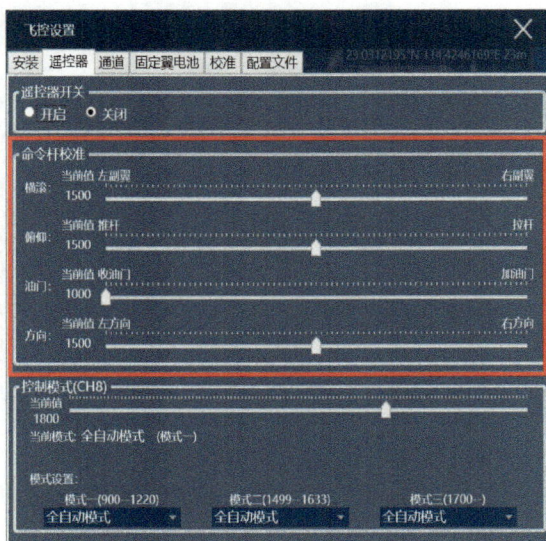

图 3-4-9　遥控器通道校准

（2）在"控制模式"下的"模式设置"中，选择模式一为"多旋翼自稳"，如图 3-4-10 所示，选择模式二为"固定翼姿态"，模式三为"全自动模式"。

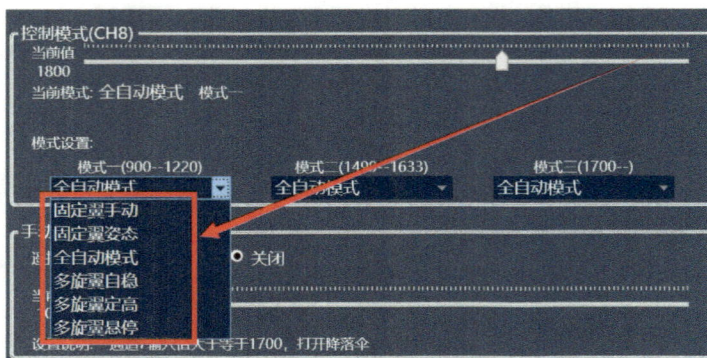

图 3-4-10　设置通道 8 控制模式

（3）点击"保存配置"按钮。

步骤 3：设置通道输出（调整通道中立值）。

（1）在如图 3-4-9 所示界面，在"控制模式"下的"模式设置"中，选择模式一为"固定翼手动"，然后点击"保存配置"按钮。

（2）在"飞控设置"下选择"通道"，通过地面站软件将垂直起降固定翼无人机各舵面调整至中立位，如图 3-4-11 所示。

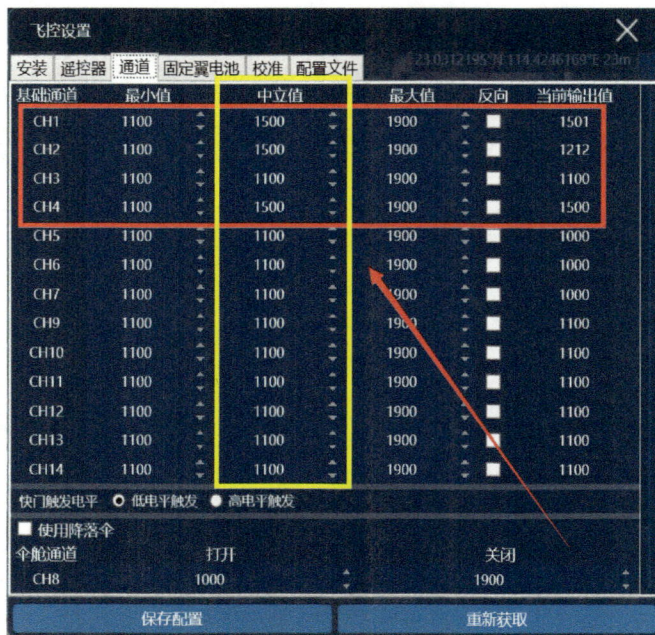

图 3-4-11　设置无人机机翼舵面为中立位

（3）将模式挡位设置为"固定翼自动"模式，检查并解锁无人机，逐个测试舵面，设置舵面方向、最小值、最大值。

（4）在如图 3-4-9 所示界面，在"控制模式"下的模式设置"中，选择模式一为"多旋翼自稳"，然后点击"保存配置"按钮。

(5) 调整中立位完毕以后，将通道 8 第二挡位设置为"固定翼姿态"，晃动飞行器，观察飞行器舵面自动调整是否正确。

注意：调整各通道大小值时，舵面的角度需要保持一致；调整通道时，若发现通道舵面反相，则需要在地面站软件内的"通道"后面勾选"反相"。

步骤 4：设置电池类型及自动返航电压。

如图 3-4-12 所示，在"飞控设置"下选择"固定翼电池"，在"电池类型"下拉框中选择"标准电压版 (4.2V)"，在"电池电压"下拉框中选择"6S 锂聚合物电池"，在"单节返航电压"下拉框中选择"3.60 V"。

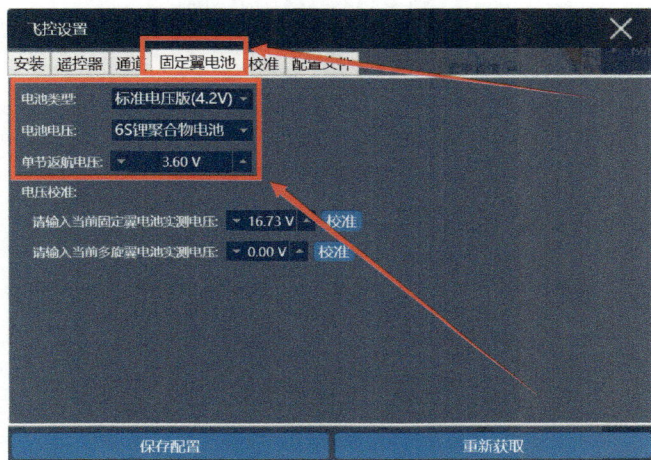

图 3-4-12　设置电池类型及自动返航电压

步骤 5：导出配置文件。

如图 3-4-13 所示，在"飞控设置"下选择"配置文件"→ "导出配置文件"，将设置好的文件导出，重新更换飞控时可直接导入使用。导出配置文件后请妥善保存，若改动飞控设置，则请重新导出配置文件。

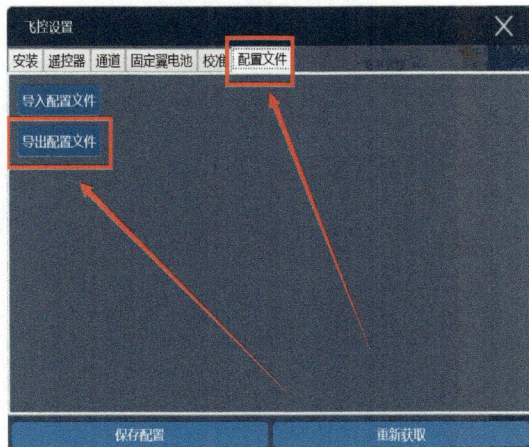

图 3-4-13　导出配置文件

二、遥控器校准

1. 模型选择

选择模型的操作步骤如下：

如图 3-4-14 所示，点击"WFLY"进入主菜单或点击屏幕左侧"M"按钮，然后选择"系统设置"→"模型选择"，在"模型选择"下选择需要的模型，最后点击"是"。

在模型选择界面中，生效项以绿色背景显示，选中的模型则以白底显示。

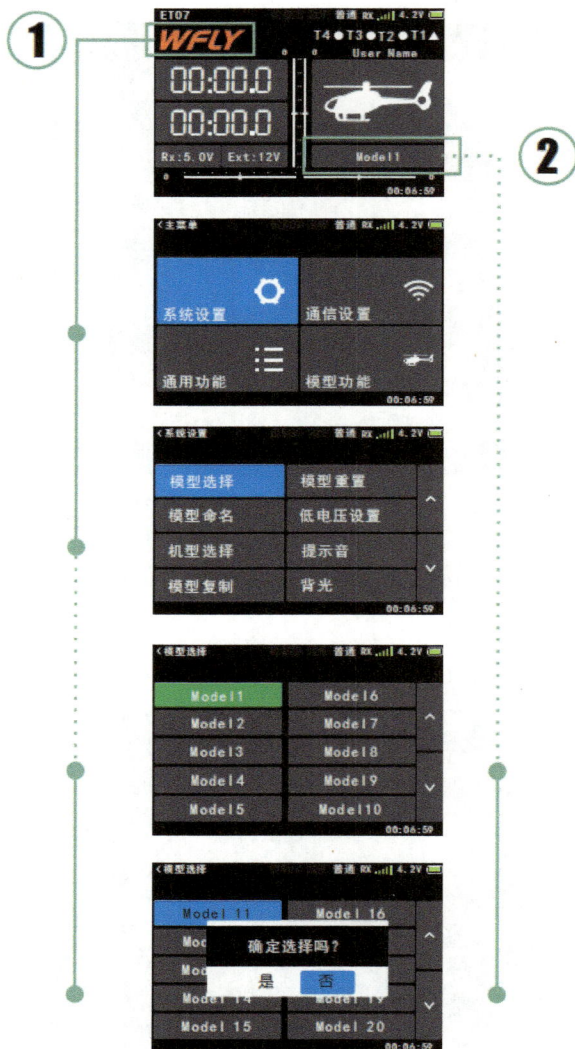

图 3-4-14　遥控器模型选择

2. 模型命名

对选用的遥控器中已存储的模型名称都可以进行更改，当前选中的模型名称一直会显示在待机界面。每一个模型的名称最多由 9 个字符组成。

模型命名的操作步骤如下：

如图 3-4-14 所示，点击"WFLY"进入主菜单，选择"系统设置"→"模型命名"，然后点击当前模型并输入名称，如图 3-4-15 所示。点击"OK"按钮，可确定和保存模型名称并返回模型名称列表。点击"Exit"按钮，可取消或更改模型名称并返回模型名称列表。

图 3-4-15　遥控器模型命名

3. 机型选择

选择机型的操作步骤如下：

如图 3-4-14 所示，点击"WFLY"进入主菜单，选择"系统设置"→"机型选择"，然后点击蓝色方框，选择需要的机型，例如"固定翼 & 滑翔机"，如图 3-4-16 所示，点击"确认"按钮，在弹出的提示框中选择"是"，则选择生效，若选择"否"，则取消操作。

图 3-4-16　遥控器机型选择

4. 模式开关设置

设置 CH8 三段开关作为模式开关的操作步骤如下：

如图 3-4-14 所示，点击"WFLY"进入主菜单；然后选择"通用功能"→"辅助通道"；将"通道 8"设置为"SC"三段开关，如图 3-4-17 所示。

图 3-4-17　通道 8 设置为 SC 三段开关

5. 摇杆模式设置

设置摇杆模式的操作步骤如下：

如图 3-4-14 所示，点击"WFLY"进入主菜单，选择"系统设置"，翻动页面到第二页，选择"摇杆模式"，然后击屏幕上的蓝色方框，选择手型，如图 3-4-18 所示。

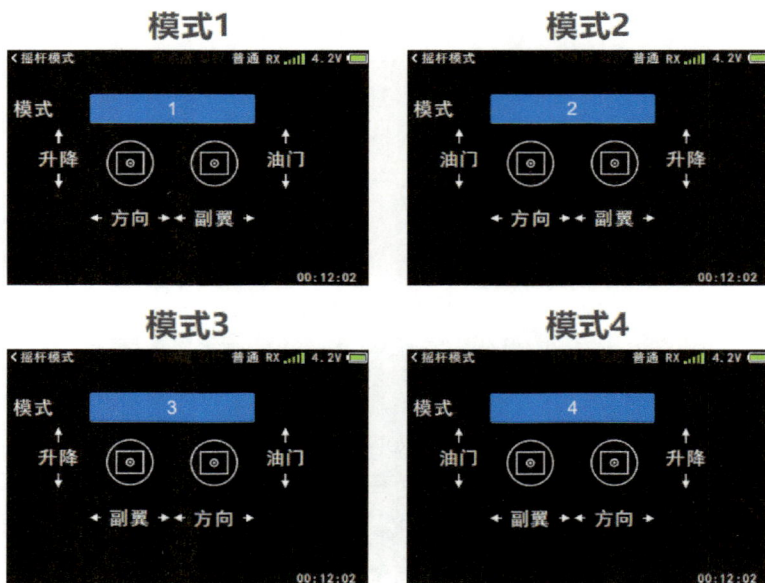

图 3-4-18　遥控器摇杆模式设置界面

6. 油门反相设置

油门反相设置的操作步骤如下：

如图 3-4-14 所示，点击"WLFY"进入主菜单，选择"通用功能"→"正反设置"，然后将"油门"设置为"反"，如图 3-4-19 所示。

图 3-4-19　油门反相设置

7. 低电压保护设置

如图 3-4-14 所示，点击"WFLY"进入主菜单，选择"系统设置"→"低电压"，然后点击"发射机"后的方框，出现"加""减"按钮，如图 3-4-20 所示。点击"加""减"按钮可调整数值，点击"复位"按钮可以复位数值，将电压设置为 3.7 V；点击"返回"按钮，退出界面同时保存设置。

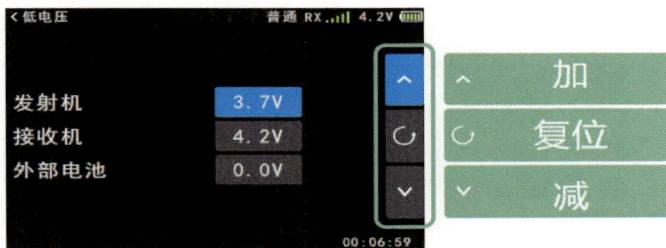

图 3-4-20　遥控器低电压保护设置

8. 遥控器对码

1) 遥控器对码步骤

接收机和遥控器对码的操作步骤如下。

步骤 1：给接收机通电，长按接收机"SET"键 3 s，此时橙色灯慢闪。

步骤 2：点击"WFLY"进入主菜单，选择"通信设置"→"对码"，点击"对码"后的"开始"按钮，如图 3-4-21 所示。遥控器进入对码状态，此时发射灯慢闪。

图 3-4-21　遥控器对码

步骤 3：遥控器发射机 RF 灯常亮且接收机对频灯常亮时，表示对码成功。若接收机绿灯常亮，则为默认为 W.BUS 模式，若蓝灯常亮，则为 PPM 模式。

步骤 4：检测对码是否成功。

给无人机通电，拨动遥控器的副翼和方向舵摇杆，观察无人机舵面是否有反应。如果无人机舵面有反应，则表示对码成功；若无人机舵面没有反应，则表示对码失败。重复上述操作步骤直至对码成功。

2) 对码工作模式

(1) 默认对码工作模式为模式 A。

(2) 使用通道少于 7 个通道时，使用默认值即可。

(3) 使用通道多于 7 个通道（使用两个接收机）时，参考表 3-4-1 进行对码设置。

表 3-4-1　遥控器对码工作模式

输出插槽	设定通道	
	模式 A	模式 B
1	1	5
2	2	6
3	3	3
4	4	7
5	5	8
6	6	9
7	7	10
8	W.BUS/PPM	W.BUS2/PPM
W.BUS2	W.BUS2	W.BUS2

三、指南针校准

指南针校准即罗盘校准，应远离磁场干扰，且必须确保无人机飞控是通过数传电台进行连接的。如果无人机在飞行中地面站软件提示"罗盘受到干扰"，则可尝试重新校准罗盘。如果校准后无人机飞行时地面站软件仍提示"罗盘受到干扰"，则需检查无人机机身内部布线，让罗盘远离大电流线、电调、电机等容易产生电磁干扰的设备。

指南针校准步骤：在"飞控设置"下选择"校准"→"罗盘校准"，按照指示转动无人机，如图 3-4-22 所示。

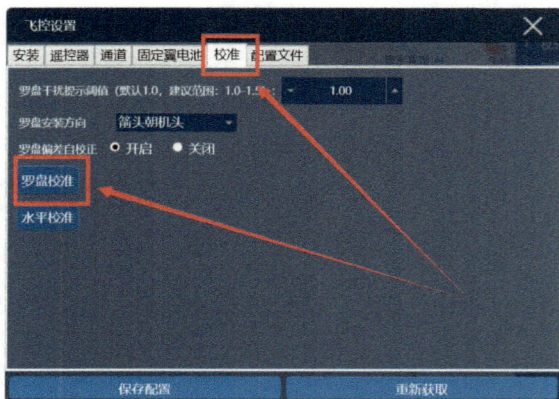

图 3-4-22　指南针校准

○ 练习题

根据本任务所学知识和操作步骤，完成垂直起降固定翼无人机飞控系统调试工作。

练习题库：垂直起降
固定翼无人机飞控系统调试

实训任务单：垂直起降
固定翼无人机飞控系统调试

任务五　垂直起降固定翼无人机遥控系统测试

本任务主要学习垂直起降固定翼无人机遥控系统测试的相关内容，旨在使学生熟练掌握垂直起降固定翼无人机的固定翼动力系统测试、旋翼系统测试和动力转换测试的步骤和方法。

垂直起降固定翼
无人机遥控系统测试

一、固定翼动力系统测试

垂直起降固定翼无人机的固定翼动力系统测试步骤如下。

步骤 1：卸下螺旋桨。

步骤 2：解锁无人机，否则舵面和电机不会有反应。

步骤 3：测试遥控器模式挡位，用地面站软件检查当前飞行模式。

步骤 4：开启固定翼纯手动模式，测试舵面正反及舵量大小。

步骤 5：开启固定翼姿态模式，改变无人机姿态，测试舵面反应在各姿态下是否符合预期，测试各姿态下的自稳打舵反应。

步骤 6：检查无人机方向与地面站软件显示的无人机方向是否有偏差。偏差一般应在15°内。

二、旋翼系统测试

垂直起降固定翼无人机的旋翼系统测试步骤如下。

步骤 1：卸下螺旋桨，将遥控器模式挡位设置为"多旋翼自稳"模式。

步骤 2：手动推遥控器油门至 20% ～ 30%。

步骤 3：检查电机旋转方向。

步骤 4：通过遥控器打舵测试滚转角 (ROLL)、俯仰角 (PITCH)、偏航角 (YAW)。检查电机加减速变化是否符合预期，检测方法是听取电机的声音。

三、动力转换测试

1. 测试前环境检查

垂直起降固定翼无人机的环境检查包括飞行高度与航程规划、航线勘测与信息采集以及起降场地的选取。

1) 飞行高度与航程规划

根据垂直起降固定翼无人机性能与任务环境的不同，设计的飞行高度应高于航路上的最高点，设计的航线总航程应小于无人机能达到的最远航程的三分之一。

2) 航线勘测与信息采集

在执行无人机飞行任务前，工作人员应当按照电子地图或其他资料对航线途经区域进行信息核对。如果条件具备，则建议对航线途经区域进行实地踏勘，采集地形地貌、地表植被以及周边的机场、重要设施、城镇布局、道路交通、人口密度等信息，为起降场地的选取、航线规划、应急预案制定等提供资料。

3) 起降场地的选取

检查起降场地周围环境是否适合作业 (恶劣天气下请勿飞行，如大风、下雪、下雨、大雾天气等) 及起降场地是否合理，选择开阔、周围无高大建筑物的场所作为飞行场地。注意：大量使用钢筋的建筑物会影响指南针工作，而且会遮挡 GPS 信号，导致飞行器定位效果变差甚至无法定位。

2. 无人机检查

1) 无人机机身检查

无人机机身检查包括检查无人机部件连接是否牢靠，螺旋桨和电机安装是否正确、稳固，布线是否安全，机载设备是否工作正常，遥控器、电池以及所有部件供电量是否充足。检查时，切勿贴近或接触旋转中的电机或螺旋桨，避免被螺旋桨割伤。

2) 遥控器检查

遥控器检查包括检查遥控器遥控模式、信号连接情况、电量是否充足、各键位是否复位、天线位置是否正确等。

3) 地面站检查

地面站检查主要检查地面通信、操作系统工作是否正常。

3. 动力转换测试步骤

垂直起降固定翼无人机的动力转换测试步骤如下。

步骤 1：正确安装螺旋桨。

步骤 2：安装电池，装好电池后，将两侧机翼上表面的卡扣打开，提起无人机，观察机头机尾是否处于水平状态，若不一致，则需调整电池安装位置，随后再进行观察，直至无人机机头机尾处于水平状态。

步骤 3：无人机在多旋翼模式下起飞。

步骤 4：无人机起飞至 30 ～ 50 m 高度后，切换至固定翼姿态模式，飞控会自动执行多旋翼到固定翼的转换。转换过程中，飞控将自动保持无人机的飞行高度直到转换成功（达到固定翼最小空速则判断为转换成功），转换成功后多旋翼部分将缓慢关闭，无人机进入纯固定翼模式。

步骤 5：进行完无人机固定翼姿态模式测试后，可在准备降落时切换挡位到多旋翼姿态模式，无人机将自动完成固定翼到多旋翼模式的切换。

练习题

根据本任务所学知识和操作步骤，完成垂直起降固定翼无人机的固定翼动力系统测试、旋翼系统测试和动力转换测试。

练习题库：垂直
起降固定翼无人机
遥控系统测试

实训任务单：垂直
起降固定翼无人机
遥控系统测试

任务六　垂直起降固定翼无人机飞行测试

本任务主要学习垂直起降固定翼无人机飞行测试的相关内容，旨在使学生掌握垂直起降固定翼无人机飞行测试的操作步骤，并在此基础上按照要求完成无人机航测区域设置、航测参数设置、自动生成航测项目并成功执行飞行任务等操作任务。

垂直起降固定翼
无人机飞行测试

一、地面站任务规划

1. 连接飞机

在电脑端打开无人机控制地面站软件 (UAV GCS)，选择"UAV"→"连接飞机"，之后显示一条线，如图 3-6-1 所示，查看无人机位置是否准确，若无人机位置无误，则随后在"UAV"下拉菜单中选择"地图"→"高德地图"，如图 3-6-2 所示。本任务以高德地图为例进行介绍，在地图中能够看清无人机位置即可。

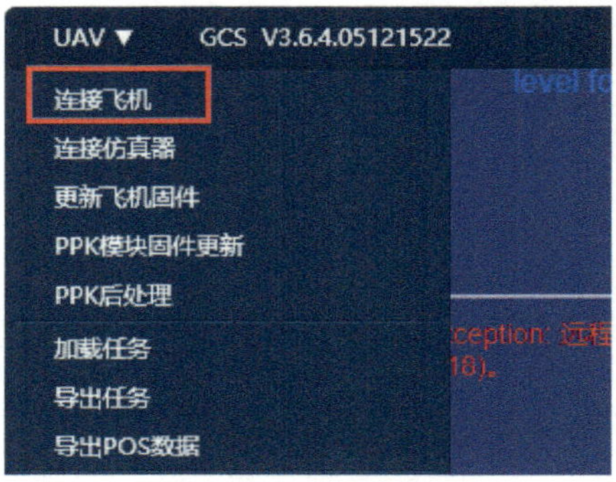

图 3-6-1　连接飞机

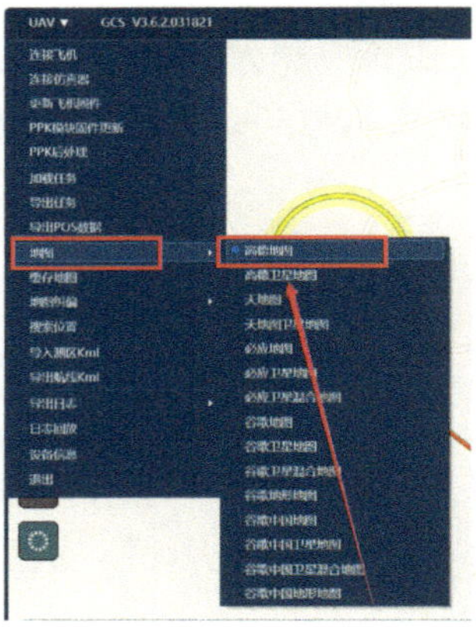

图 3-6-2　选择地图

2. 设置起降盘旋点

如图 3-6-3 所示，在顶部导航栏选择"起降"，然后在"起飞设置""降落设置"下设置起降盘旋点，注意选取位置，修改高度和半径，设置降落盘旋点的目的是降高度、降速度。

建议起飞降落盘旋点半径大于 120 m(越大越好)，在可行的情况下，起飞高度越低，飞行器效率越高。

(a) 起飞盘旋点

(b) 降落盘旋点

图 3-6-3　设置起降盘旋点

3. 航测任务规划

航测作业要求严格遵守当地的法律法规，严禁将航测区域设置在禁飞区域内。

飞手需对作业区域提前进行实地考察，了解当地的地形地貌、城镇布局及人口密度等信息，为起降场地的选取、航线规划等提供依据。图 3-6-4 为 UAV GCS 航测任务规划流程。

图 3-6-4　UAV GCS 航测任务规划流程

UAV GCS 航测任务规划操作步骤如下。

步骤 1：设置航测区域。

① 在"UAV"下拉菜单中选择"搜索位置"，在"搜索位置"对话框中"请输入位置"文本框中输入航测区域名称，找到其经纬度，然后点击"转到"按钮，如图 3-6-5、图 3-6-6 所示。

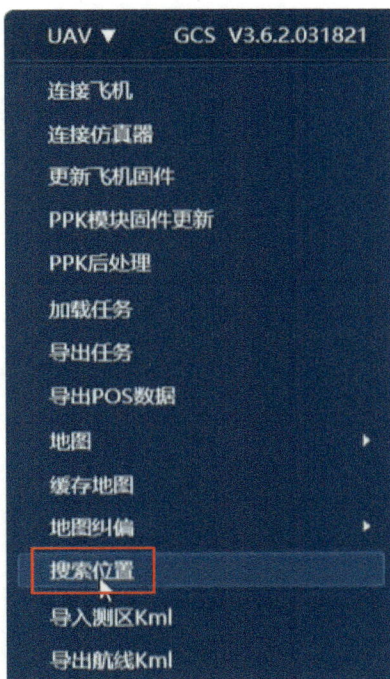

图 3-6-5　搜索位置

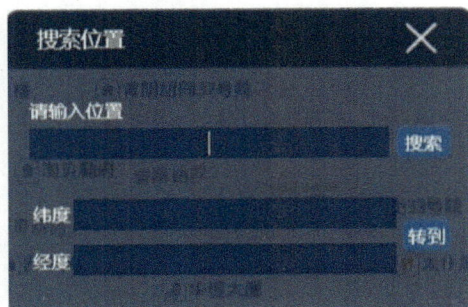

图 3-6-6　输入航测区域名称

② 如图 3-6-7 所示，在右侧选择"航测"，在地面站软件的地图显示区会出现一个阴影多边形区域。如果选择"航测"选项卡后，地图区域没有显示阴影区域，则右击地图区域，选择"重置航测区域于此处"即可。

图 3-6-7　UAV GCS 规划航测区域

拖动地图中的阴影区域至所需航测位置，单击多边形的边可增加多边形的顶点，通过拖动多边形的顶点可调整航测区域的范围及形状，如图 3-6-8 所示。

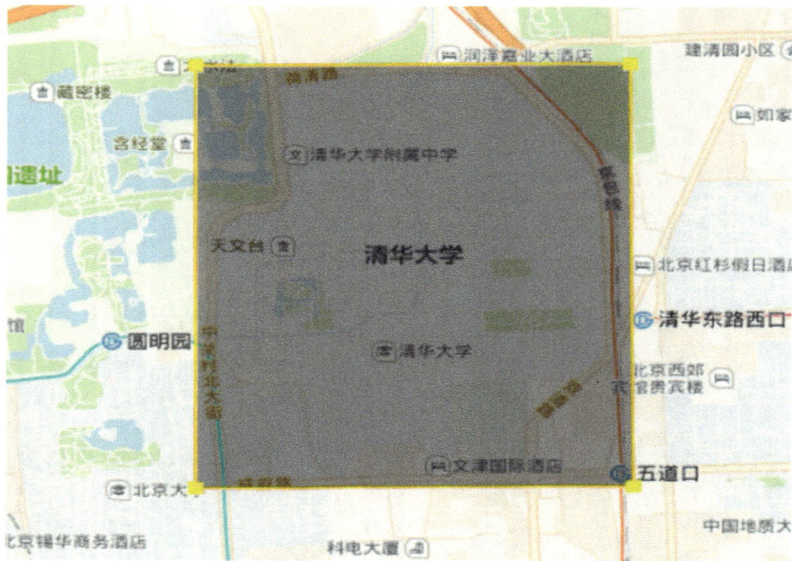

图 3-6-8　调整航测区域范围及形状

步骤 2：设置航测参数。

在"航测"选项卡下的"航测参数"中按航测要求设定分辨率、相对高度、航线角度与航向重叠率，其中相对高度与分辨率互为影响。无人机飞行高度越高，飞行时获得的图像中每个像素所代表的地面距离就越大，单次作业面积也就越大。增大航向重叠率，航线密度也增大，单位时间内作业面积就会减小。

默认"航向重叠率"为 75%，"旁向重叠率"为 60%。如果想实现较好的飞行效果，那么建议"航向重叠率"不低于80%，"旁向重叠率"不低于65%，如图3-6-9所示。

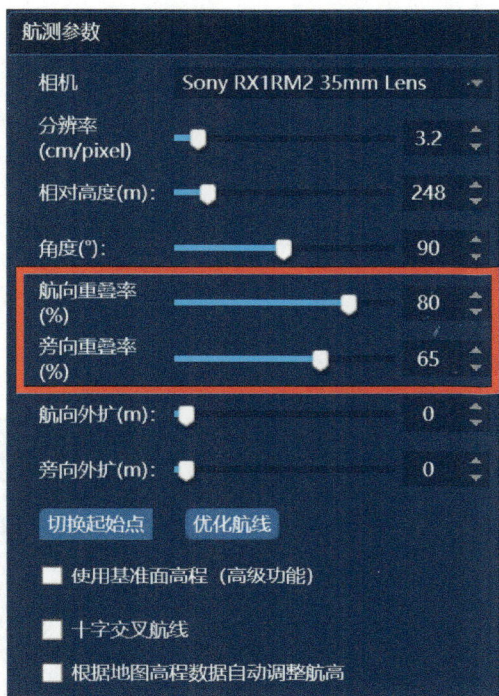

图3-6-9　设置航测参数

航测参数设置完成后，可在航测信息数据栏中了解航测作业相关信息，如图3-6-10所示。

图3-6-10　航测信息

步骤3：自动生成航点。

在图 3-6-10 所示界面点击下方的"生成航点"即可自动规划生成航测任务。在"航点"界面可单独设置某一个航点或者某几个具体航点的参数，包括高度、方向、半径等，如图 3-6-11 所示。

步骤 4：导出任务。

航测项目设置完成后，在"UAV"下拉菜单中选择"导出任务"，然后选择保存路径，输入文件名称，最后保存航测项目，如图 3-6-12 所示。选择"加载任务"即可加载已导出航测项目并直接使用。

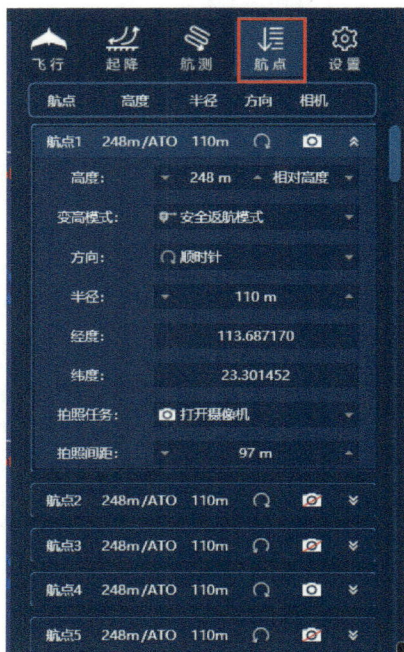

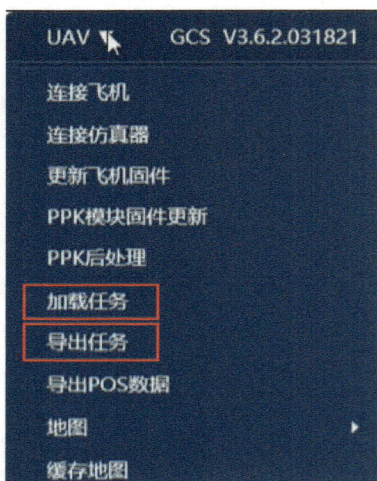

图 3-6-11 "航点"界面　　　　　图 3-6-12 导出或加载项目

可提前将作业地区地图预存在地面站软件中，并提前将航线规划保存在电脑中，以减少外场项目作业时间。注意实际作业需根据实际地形地势及周边建筑物、人畜活动等情况合理调整航线。

二、执行飞行任务

执行垂直起降固定翼无人机飞行任务步骤如下。

步骤 1：连接无人机。

(1) 使用动力电池给垂直起降固定翼无人机供电，使无人机进入自检状态。

(2) 在电脑端打开无人机地面站软件，选择"UAV"→"连接飞机"，地面站软件将自动连接无人机并上传航测项目。

可通过无人机指示灯实时监测无人机状态，表 3-6-1 所示为垂直起降固定翼无人机指示灯的含义。

表 3-6-1 垂直起降固定翼无人机指示灯的含义

指示灯状态	无人机状态	备 注
红灯快闪	无人机进入 IMU 校准	—
红灯慢闪	无人机校准完毕，进入等待定位	—
绿灯慢闪	无人机定位成功，等待解锁	起飞前通过 UAV 地面站软件解锁
绿灯快闪	无人机解锁成功，等待起飞	垂直起降无人机将怠速 5s 后自动起飞

步骤 2：加载任务。

如图 3-6-13 所示，在"UAV"下拉菜单中选择"加载任务"，加载已规划完成的航测任务。

图 3-6-13 加载飞行任务

步骤 3：检查飞行参数。

(1) 如图 3-6-14 所示，选择"飞行"，在"飞行参数"下检查电量、通信质量、卫星数量。

图 3-6-14 检查飞行参数

(2) 在"飞行状态及仪表"中查看无人机是否水平，如图 3-6-15 所示。

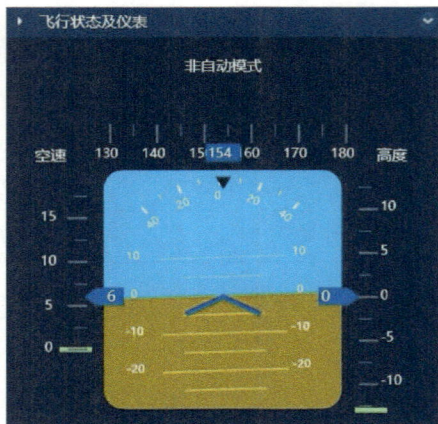

图 3-6-15　飞行状态

步骤 4：安全设置。

如图 3-6-16 所示，选择"设置"，在"安全设置"下根据任务情况勾选需要用到的选项。然后点击"应用"按钮。

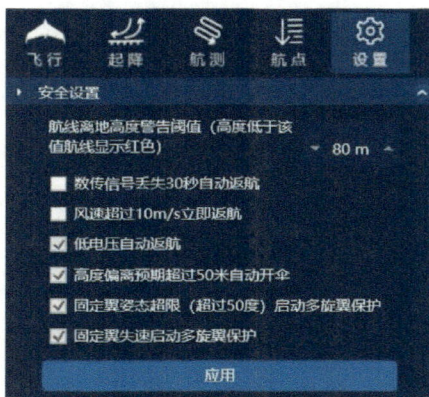

图 3-6-16　安全设置

步骤 5：罗盘校准。

如图 3-6-17 所示，选择"罗盘校准"。抱起无人机，使无人机水平旋转两圈，机头朝下旋转两圈，采集数据。

图 3-6-17　罗盘校准

步骤 6：飞行前检查。

如图 3-6-18 所示，点击底部的"检查"按钮，弹出检查列表，如图 3-6-19 所示，按列表顺序进检查并勾选已检查选项后，点击"下一步"按钮，直至完成所有检查。

图 3-6-18　"检查"按钮

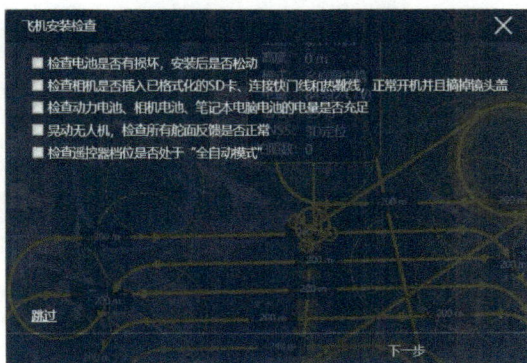

图 3-6-19　飞机安装检查

完成检查后，"检查"按钮将会变为"设置降落点"按钮，如图 3-6-20 所示。

图 3-6-20　"检查"按钮变为"设置降落点"按钮

步骤 7：设置降落点。

将无人机放置于降落点，点击"设置降落点"按钮，然后点击"确定"按钮，如图 3-6-21 所示。设置降落点操作完成后，"设置降落点"按钮变为"解锁（起飞）"按钮。

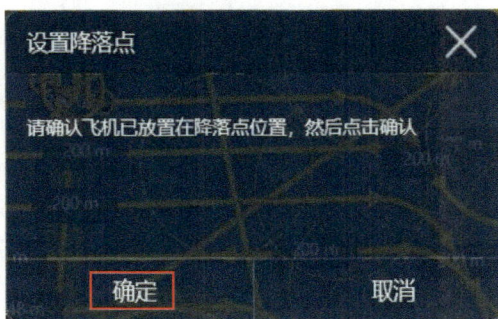

图 3-6-21　设置降落点

步骤 8：解锁，起飞。

如图 3-6-22 所示，可通过右侧"飞行"选项卡的"飞行状态及仪表"显示或无人机的指示灯变化情况判断无人机的状态。当航灯状态为绿色慢闪或地面站飞行仪表显示"准备就绪，可以解锁"时，将遥控器挡位置于"全自动"模式，然后点击"解锁（起飞）"按钮。

图 3-6-22　解锁

解锁后，螺旋桨将立刻进入怠速状态，怠速几秒后，无人机自动执行垂直起飞。

步骤 9：监视及控制。

通过地面站软件可实时监控无人机的飞行状态，如无人机的空速、高度、模式、电量及信号等情况，如图 3-6-23 所示。图中无人机图标旁边的小箭头及数值表示风向大小及方向，另外可在"飞行"选项卡中查看更详细的飞行数据。

图 3-6-23　无人机飞行任务监控

在地面站软件飞行控制栏，可随时发送命令到无人机控制其飞行，另外可在地面站软件的地图区域直接拖动航点来改变飞行路径。

步骤 10：着陆。

完成航测任务后，无人机将回到降落盘旋点并自动启动着陆程序，按照原设定的降落路径在降落点上方设定高度垂直降落，无人机降落完成后，需要在地面站上点击"锁定"按钮。

练习题

根据本任务所学知识和操作步骤，完成垂直起降固定翼无人机地面站任务规划并完成飞行任务。

练习题库：垂直起降
固定翼无人机飞行测试

实训任务单：垂直起降
固定翼无人机飞行测试

学习评价

本任务完成后，请从知识目标、技能目标和素养目标等维度，对任务实施过程、任务结果和工作态度等按照"优""良""中""差"进行评价。若始终能够超越学习目标要求，则为"优"；若始终能够维持或偶尔超出学习目标要求，则为"良"；若始终基本达到学习目标要求，则为"中"；若始终低于学习目标要求，则为"差"。

表3　垂直起降无人机组装与调试评价表

项目名称	垂直起降无人机组装与调试		
班　　级	姓名		
完成方式	小组合作完成		
评价项目	评 价 标 准	教师评分	自我评分
知识目标	是否了解垂直起降固定翼无人机的概念、分类、特点、发展及控制原理		
	是否熟悉垂直起降固定翼无人机的结构组成		
	是否掌握垂直起降固定翼无人机机体组装的操作步骤		
	是否熟悉垂直起降固定翼无人机飞控系统调试的内容和操作步骤		
	是否掌握垂直起降固定翼无人机固定翼动力系统测试、旋翼系统测试和动力转换测试的步骤和方法		
	是否掌握垂直起降固定翼无人机飞行测试地面站任务规划的方法		

续表

评价项目	评 价 标 准		教师评分	自我评分
技能目标	是否能够完成垂直起降固定翼无人机机体组装			
	是否能够完成垂直起降固定翼无人机飞控系统基本参数设置、遥控器校准和指南针校准			
	是否能够完成垂直起降固定翼无人机的固定翼动力系统测试、旋翼系统测试和动力转换测试			
	是否能够按照任务要求完成垂直起降固定翼无人机的地面站任务规划和执行飞行任务			
素养目标	工作态度	态度端正，无无故缺勤、迟到、早退的现象		
	工作规范	能正确理解并按照项目要求开展任务		
	协调能力	与同学之间能够合作交流、互相帮助、协调工作		
	职业素质	实施任务中认真、细致、严谨地对待每个工作细节		
	创新意识	对规范或要求深入理解，不拘泥于给定的思路，进行创新操作		
综合评价				
存在的主要问题				

项目测试

1. 飞控安装方向有什么要求？
2. 简述垂直起降固定翼无人机的发展。
3. 垂直起降固定翼无人机地面站任务规划的注意事项有哪些？
4. 指南针校准的注意事项有哪些？

项目四　固定翼无人机组装与调试

○ 学习目标

▶ 知识目标

1. 了解固定翼无人机各组件的作用，熟悉固定翼无人机的气动特点，掌握固定翼无人机的飞行原理。

2. 掌握固定翼无人机机体组装的操作步骤。

3. 熟悉固定翼无人机动力系统的组成、动力系统的选型要求及动力系统电机、螺旋桨的安装要求。

4. 熟悉固定翼无人机飞控系统的工作原理、组成及飞控系统安装的注意事项。

5. 掌握固定翼无人机系统调试的要点、方法与操作步骤。

6. 了解固定翼无人机飞行前测试的注意事项。

▶ 技能目标

1. 能够完成固定翼无人机机体组装。

2. 掌握固定翼无人机动力系统组装的操作步骤及注意事项，能够完成固定翼无人机动力系统的组装。

3. 掌握固定翼无人机飞控系统安装的操作步骤，能够完成固定翼无人机飞控系统的安装。

4. 能够完成固定翼无人机遥控系统的调试、固定翼无人机动力系统的调试以及固定翼无人机飞控系统的调试。

5. 能够根据要求完成固定翼无人机无桨调试和有桨调试，完成固定翼无人机的飞行测试。

▶ 素养目标

1. 培养良好的安全意识。

2. 培养团队协作精神和沟通能力。

任务一　固定翼无人机基础知识

本任务主要学习固定翼无人机的相关理论知识，旨在使学生了解固定翼无人机各组件作用，掌握固定翼无人机飞行原理，为后续进行固定翼无人机组装与调试奠定基础。

固定翼无人机
基础知识

一、固定翼无人机基本结构认知

固定翼无人机是使用较为广泛且具有代表性的无人驾驶航空器，它主要由机身、机翼、尾翼、起落装置和动力系统五大部分组成，如图4-1-1所示。

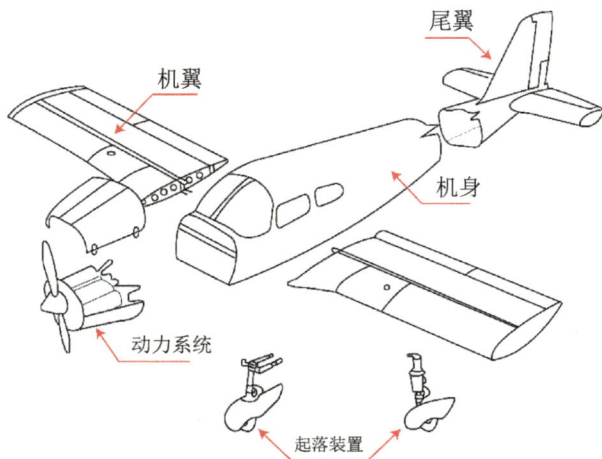

图4-1-1　固定翼无人机的组成

1. 机身

机身的主要作用是将固定翼无人机的其他部件如机翼、尾翼、发动机、起落架等连接成一个整体。

1) 结构式机身

在早期低速无人机上，将机身的承力构架都做成四缘条的立体构架。为了减小无人机的阻力，在承力构架外面，固定有整形用的隔框、桁条和蒙皮，这些构件只承受局部空气动力，不承担整个结构的受力。无人机机身的剪力、弯矩和扭矩全部由构架承受。结构式机身的抗扭刚度差，空气动力性能不好，其内部容积也不易得到充分利用。只有一些小型低速无人机采用结构式机身。

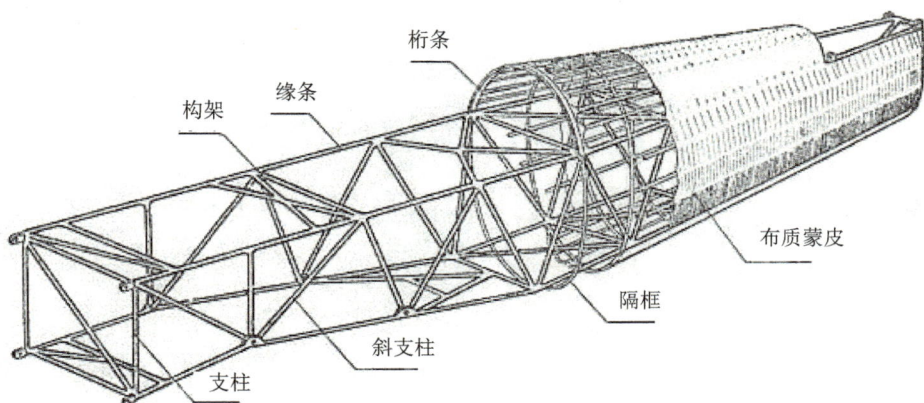

图 4-1-2　结构式机身构造

2) 半硬壳式机身

为了使无人机机身结构的刚度能满足日益加快的飞行速度的要求，需要使蒙皮承担整个结构的受力。因此，目前的无人机机身结构将蒙皮与隔框、大梁、桁条牢固地铆接起来，成为一个受力的整体，通常称为半硬壳式机身。根据蒙皮承受弯矩的程度不同，半硬壳式机身可分为桁梁式和桁条式两种构造形式。

3) 硬壳式机身

硬壳式机身结构由蒙皮与少数隔框组成，如图 4-1-3 所示。其特点是没有纵向构件，蒙皮较厚，由蒙皮承受机身总体弯、剪、扭引起的全部轴向力和剪力。这种机身的优点是结构简单，气动外形光滑，内部空间可全部利用。但因为机身的相对载荷较小，而且机身不可避免地需要较大的开口，开口补强增重较大，所以蒙皮材料的利用率不高。

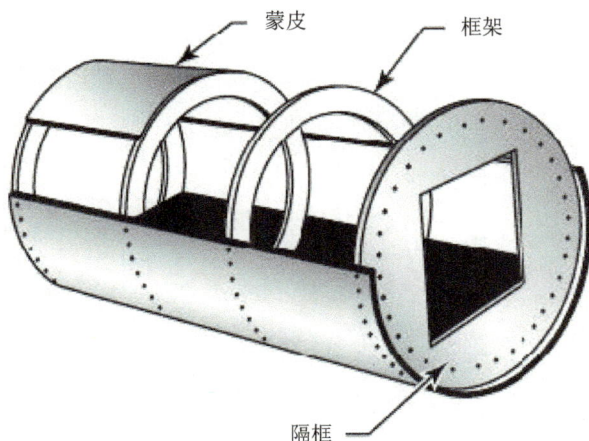

图 4-1-3　硬壳式机身构造

2. 机翼

无人机机翼的主要作用是产生升力，从而支持无人机在空中飞行，同时也起到操纵与稳定无人机的作用。在无人机机翼上一般安装有副翼和襟翼，操纵副翼可使无人机滚转，放下襟翼可使无人机升力增大，机翼上的操纵面与附属装置如图4-1-4所示。机翼上还可安装发动机、起落架、油箱和内置弹仓等。不同用途的无人机其机翼形状、大小也各有不同。

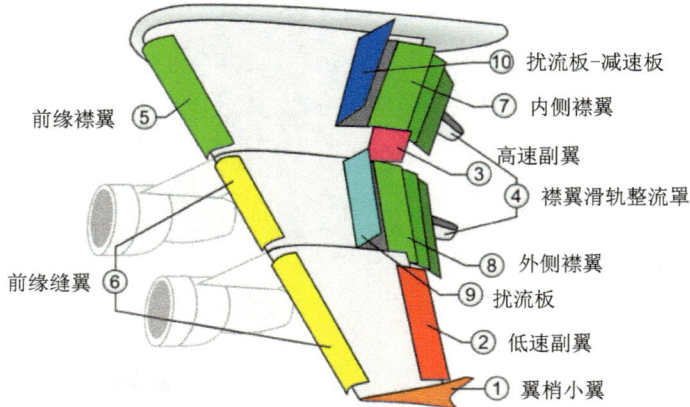

前缘襟翼 ⑤
前缘缝翼 ⑥

⑩ 扰流板-减速板
⑦ 内侧襟翼
高速副翼
③
④ 襟翼滑轨整流罩
⑧ 外侧襟翼
⑨ 扰流板
② 低速副翼
① 翼梢小翼

图 4-1-4　机翼上的操纵面与附属装置示意图

3. 尾翼

1) 尾翼的作用

一般无人机的尾翼由水平尾翼（简称平尾）和垂直尾翼（简称垂尾或立尾）组成，水平尾翼包括水平安定面和升降舵两部分，垂直尾翼包括垂直安定面和方向舵两部分，如图4-1-5所示。

水平安定面和垂直安定面主要用来提高无人机的稳定性，升降舵用于调节和控制无人机的俯仰运动（无人机的抬头和低头），方向舵用于控制无人机的偏航运动（无人机的左右转向）。大部分无人机的升降舵与方向舵上安装有可动的调整片，可以通过调整片的偏转，对无人机的姿态与平衡进行微调。尾翼的作用是操纵无人机俯仰和偏转，保证无人机能平稳飞行。

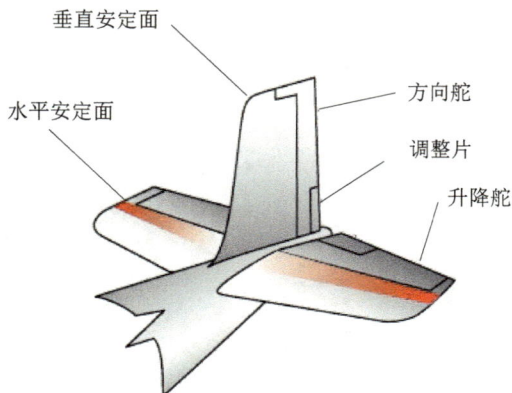

垂直安定面
水平安定面
方向舵
调整片
升降舵

图 4-1-5　尾翼的组成

2) 尾翼的构造

平尾和垂尾一般由安定面和操纵面构成，目前许多无人机的平尾还采用了全动平尾的结构形式。

(1) 安定面和操纵面结构的基本结构形式。

安定面的结构和机翼基本相同。目前速度较高的无人机一般采用双梁（多梁）、壁板、多肋的单块式结构。使用多梁是为了增加强度，提高防颤振特性。目前还有高速无人运输机采用由数根梁、密排翼肋和变厚度蒙皮组成的结构。

(2) 全动平尾的基本结构形式。

为了提高无人机尾翼的效能，可采用全动平尾的结构形式。全动平尾是将整个平尾作为操纵面绕某一轴转动。全动平尾的基本结构形式有单块式（无梁）、双梁式结构，其前后缘则采用全高度蜂窝或组合式蜂窝结构。

4. 起落装置

无人机的起落装置即起落架，是无人机实现起飞和着陆功能的主要装置，也是保证无人机安全飞行的关键部件。起落架质量通常占无人机正常起飞质量的 4% ~ 6%，占无人机结构质量的 10% ~ 15%。起落架在无人机整体设计中占有重要地位。

多数固定翼无人机使用轮式起落架，雪地着陆的固定翼无人机可以使用滑橇式起落架，水上无人机可以使用浮筒式起落架。

1) 起落架的主要作用

起落架不仅要满足无人机在地面滑跑和灵活运动的要求，还应保证无人机在地面运动时，具有良好的稳定性和操纵性。对现代无人机来说，为了减小飞行阻力，起落架还必须是可收放的。概括起来，无人机起落架的主要作用有以下几个方面。

(1) 承受、消耗和吸收无人机在着陆与地面运动时的撞击和颠簸能量。无人机在着陆接地和地面运动时，会与地面发生不同程度的撞击，起落架能减缓这种撞击，以减小无人机结构的受力。

(2) 完成无人机停放、起飞、着陆和滑行时，在地面上的运行任务。当无人机停放在机坪或机库时，起落架起到支撑和固定无人机的作用。无人机起飞前滑行时，起落架借助发动机推力的作用，使无人机平稳地向前滑行，前起落架转弯系统起到使无人机转向的作用；无人机起飞时，起落架为无人机提供助跑，使无人机达到起飞速度。为了减小无人机在空中所受到的空气阻力，无人机起飞后，有的起落架收放系统会把起落架收入无人机腹部机舱中。

(3) 保证无人机在滑行、起飞和着陆时的安全以及良好的操纵性和稳定性。可以放起落架的无人机着陆前，起落架收放系统打开起落架；无人机落地时，起落架的减振支柱和轮胎吸收来自无人机重量和速度的撞击力，减缓无人机其他结构部分的受力，保护无人机主要结构、仪器不受强大冲击力的影响。制动系统能够减小无人机在地面滑行的速度，起落架中的前轮减摆器能够减弱前轮的摆振，使无人机平稳安全地停下。

2) 起落架的布局分类

起落架的布局方式可归结为四种：后三点式、前三点式、自行车式和多支点式。下面具体讲解每种布局。

(1) 后三点式起落架。

后三点式起落架如图 4-1-6 所示。无人机的两个 (组) 主轮位于无人机重心之前且靠近重心，尾轮则位于无人机的尾部。后三点式起落架主要适用于机身前部装有活塞式发动机的轻型、低速无人机。

后三点式起落架的优点是安装空间容易保证；无人机尾轮受力较小，结构简单，质量较轻；无人机地面滑跑时迎角较大，降落时阻力较大。

后三点式起落架的缺点是对着陆技术要求高，容易产生"跳跃"现象；无人机高速滑跑时，不允许强烈制动，地面滑跑时的方向稳定性较差等。

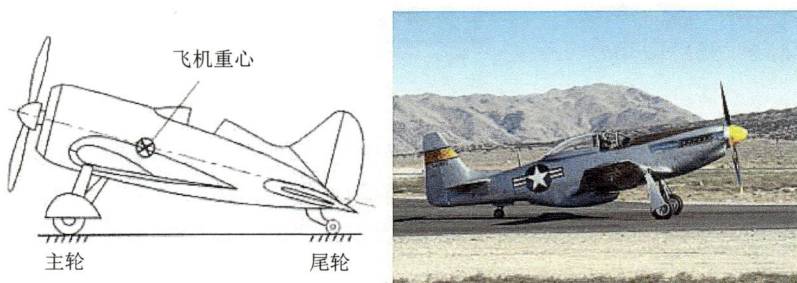

图 4-1-6　后三点式起落架

(2) 前三点式起落架。

前三点式起落架如图 4-1-7 所示。无人机的两个主轮位于无人机重心之后，前轮则位于无人机的头部。前三点式起落架是现代无人机应用最广泛的起落架形式。

前三点式起落架的优点是着陆简单且安全可靠；无人机具有良好的方向稳定性，侧风着陆较安全；允许强烈制动，无人机着陆滑跑距离较短；发动机喷气对跑道影响较小。

前三点式起落架的缺点是受力较大且构造复杂，无人机高速滑跑时，前三点式起落架会产生摆振现象。

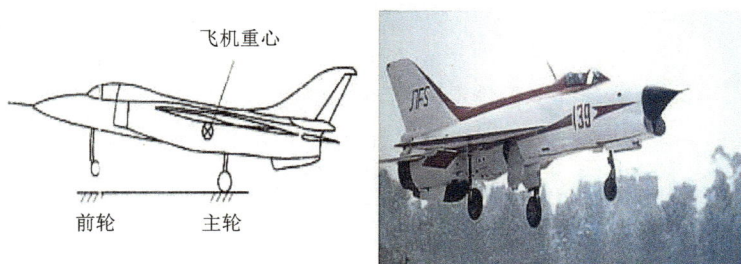

图 4-1-7　前三点式起落架

(3) 多支点式起落架。

多支点式起落架如图 4-1-8 所示。通常在无人机重心后面布置 4 个甚至更多支柱，同时每个支柱上采用小车式轮架，安装 4 ～ 8 个机轮，以分散接地载荷，从而减小每个支柱的受力。从性能上看，多支点式起落架与前三点式相近。采用多支点式结构可以使局部载荷减小，有利于受力结构的布置，还能够减小机轮体积，从而减小起落架的收放空间。现代重型无人机质量较大，多数采用多支点式起落架，以减小对跑道的压力和分散过大的结构集中载荷。

图 4-1-8　多支点式起落架

(4) 自行车式起落架。

自行车式起落架如图 4-1-9 所示，两个主轮纵向排列在无人机重心的前后，同时在两侧机翼下设置辅助轮，自行车式起落架主要用于因机翼很薄而难以收藏起落架的无人机，特别是采用上单翼的大型无人机。

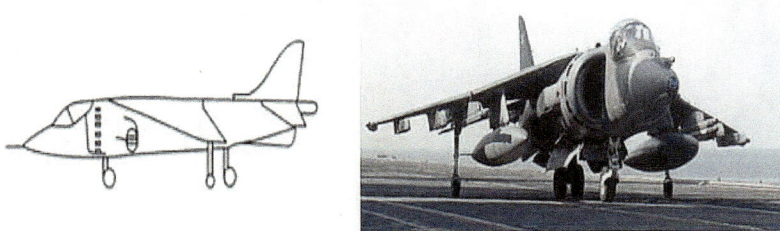

图 4-1-9　自行车式起落架

5. 动力系统

无人机动力系统是无人机机体组件中的重要组成部分，其主要作用是提供无人机的动力输送和控制，驱动无人机执行各种任务。无人机动力系统的设计和性能直接影响着无人机的续航能力、飞行稳定性和安全性。无人机动力系统通常包括电池、电机、电子调速器、电子速控器、传感器等部件。其中：电池是为无人机提供能量的重要部分，其容量和质量直接影响无人机的飞行时间和负载能力；电机是将电能转换为机械能的核心部件，其功率、转速和扭矩等参数影响着无人机的飞行性能；电子调速器和电子速控器则用于调节电机的转速和运动方式，以保证无人机的运动稳定性和控制精度。

二、固定翼无人机气动特点认知

1. 机翼翼型

通常将平行于飞机对称面的机翼横截面外形称为翼型（又称翼剖面），如图 4-1-10 所示。它是机翼的基本构成元素，也是产生升力的关键因素之一。空气绕翼型流动是一种二维流动，相当于绕无限展长

翼型的形状和几何参数

矩形机翼的流动。翼型上的空气动力是指作用在单位展长机翼上的力。

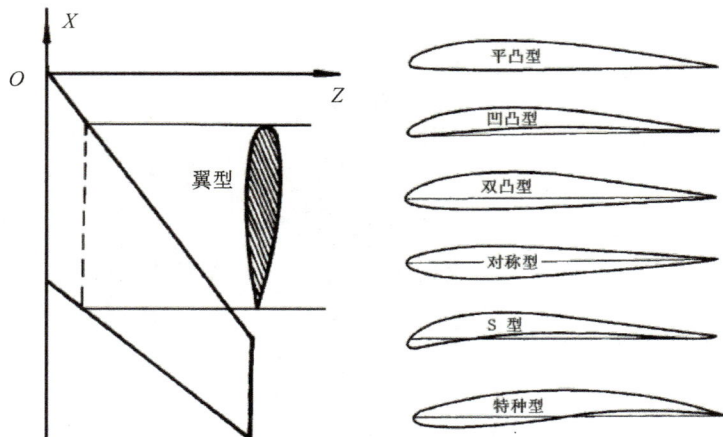

图 4-1-10　翼型及其基本类型

翼型的形状主要有平凸型、凹凸型、双凸型、对称型、S 型、特种型、如图 4-1-10 所示。其他还有超临界翼型等。不同翼型的形状对气动特性具有重要影响，一般可以用以下几何参数来表示，如图 4-1-11 所示。

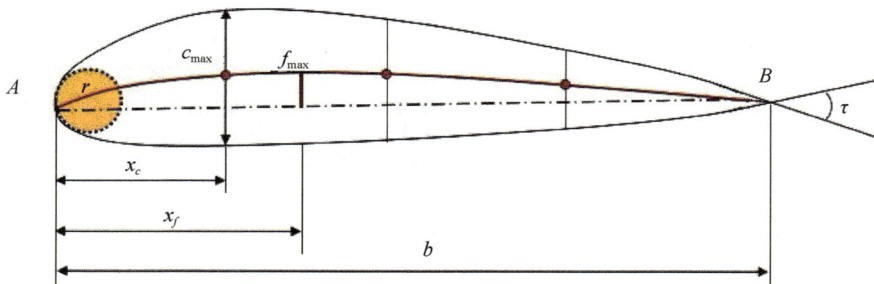

图 4-1-11　翼型的几何参数

(1) 弦长 (c)：翼型上下表面内切圆圆心的光滑连线称为中弧线。中弧线的前端点 A 称为前缘，后端点 B 称为后缘。前缘与后缘的连线叫翼弦，其长度叫弦长或几何弦长。

(2) 相对弯度 ($\bar{f}$)：翼型中弧线与翼弦之间的距离称为弯度 (f)，最大弯度 (f_{max}) 与弦长的比值称为相对弯度，即

$$\bar{f} = \frac{f_{max}}{c}$$

相对弯度的大小表示翼型的不对称程度。

(3) 最大弯度相对位置 ($\bar{x}_f$)：翼型最大弯度所在位置到前缘的距离 (x_f) 称为最大弯度位置，最大弯度位置与弦长的比值称为最大弯度相对位置，即

$$\bar{x}_f = \frac{x_f}{c}$$

(4) 相对厚度 ($\bar{t}$)：上下翼面在垂直于翼弦方向的距离称为翼型厚度，翼型最大厚度 ($c_{\max}$) 与弦长的比值称为翼型的相对厚度，即

$$\bar{t} = \frac{c_{\max}}{c}$$

(5) 最大厚度相对位置 ($\bar{x}_c$)：翼型最大厚度所在位置到前缘的距离 (x_c) 称为最大厚度位置，最大厚度位置与弦长的比值称为最大厚度相对位置，即

$$\bar{x}_c = \frac{x_c}{c}$$

(6) 前缘半径 (r)：翼型前缘处的曲率半径。

(7) 后缘角 (τ)：翼型上下表面在后缘处的切线之间的夹角。

自飞机诞生后，人们一直很重视对翼型的研究。从第一次世界大战开始，一些国家就在实践中探索一些性能良好的翼型，如俄国的茹科夫斯基翼型，德国的哥廷根 (Gottingen) 翼型，英国的 RAF(Royal Air Factory) 翼型，后改为 RAE(Royal Aircraft Establishment 皇家飞机研究院) 翼型，美国的 Clark-Y(克拉克 -Y) 翼型等。20 世纪 30 年代以后，出现了美国的 NACA(National Advisory Committee for Aeronautics) 翼型，典型的翼型族如图 4-1-12 所示。

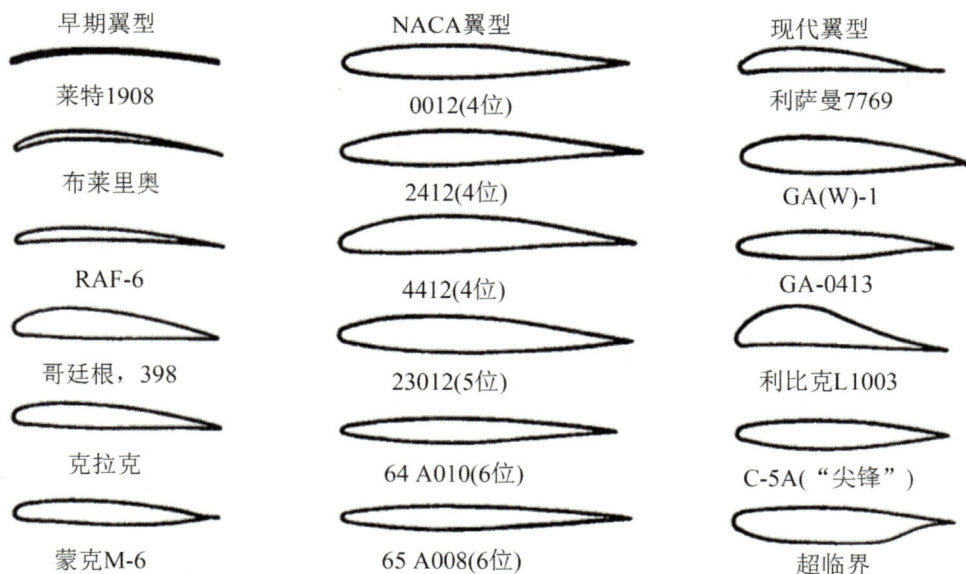

图 4-1-12 典型的翼型族

经各国航空研究机构试验而得的翼型都采用研究单位名称的缩写字为"姓"，并用表示试验系列或编号的数码或字母作为"名"，例如，美国的 Clark-Y，德国的 MVA-321 等。

1967 年，美国 NASA 兰利研究中心的惠特科姆首先提出超临界翼型的概念。超临界翼型是一种为提高临界马赫数而采取的特殊翼型，它能够推迟和减弱机翼在接近声速时剧增的激波阻力。

与常规翼型相比，超临界翼型的特点是前缘半径较大，中部上表面弯度较小，后部下表面在后缘处有反凹，且后缘较薄并向下弯曲，如图4-1-13所示。超临界翼型能使机翼后掠角减小和机翼相对厚度增加，并因此使机翼质量减小，结构效率改善，从而达到增大机翼展弦比的目的。但是超临界翼型较大范围的后部弯度会产生很大的低头力矩，造成飞机在配平飞行时因为需要增大平尾的向下载荷而增加机翼升力；超临界翼型的另一个缺点是后部的结构高度太小，给后缘襟翼系统的设计带来一定困难。

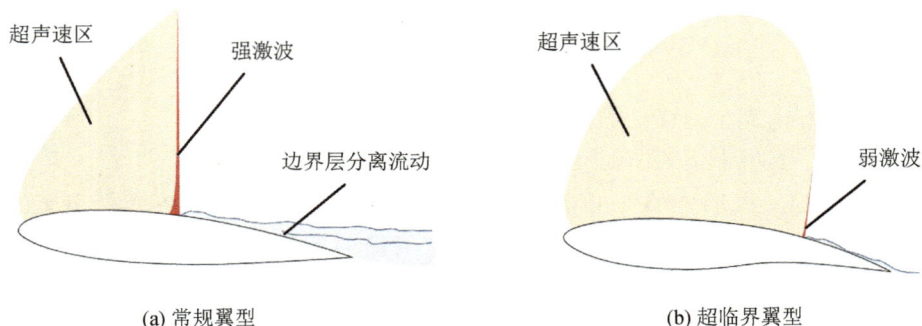

(a) 常规翼型　　　　　　　　　　(b) 超临界翼型

图 4-1-13　超临界翼型与常规翼型比较

很多现代客机和运输机都采用了超临界翼型，如美国的波音 757、波音 767、波音 777 等客机，欧洲的空客 A310、A320、A330、A340 等客机，俄罗斯的伊尔-96、图 204 客机；以及我国的运 20 运输机和 C919 客机等。

2. 升力和阻力

学习升力和阻力之前，需要了解动力学的相关定律，有助于更好地学习固定翼的气动特点。

1) 牛顿第一定律

牛顿第一定律是指任何物体都要保持匀速直线运动或静止状态，直到外力迫使它改变运动状态为止。换句话说，如果施加在物体上的外力之和为零，则该物体将保持静止或将继续以相同的速度和方向运动。相应地，如果物体静止或以恒定的速度和方向运动，则施加在其上的合力为零。

牛顿运动定律

2) 牛顿第二定律

牛顿第二定律是指物体的加速度与物体所受的合外力成正比，与物体的质量成反比，加速度的方向与合外力的方向相同。

用公式来表述牛顿第二定律就是 $F = ma$，其中，F 是物体所受到的合外力，m 为质量，a 为加速度。F 与 a 为矢量，两者方向相同。当物体静止或做匀速直线运动时，加速度为零，其合外力 F 为零。

3) 牛顿第三定律

牛顿第三定律是指相互作用的两个质点之间的作用力和反作用力总是大小相等、方向相反，作用在同一条直线上，如图4-1-14所示。

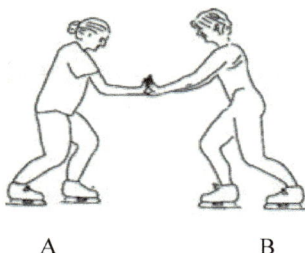

图 4-1-14　作用力和反作用力示意图

小人 A 向小人 B 施加推力，B 向后移动，但若同时 B 向 A 施加大小相等且方向相反的力，则 A 也向后移动。

4) 力的平衡

作用于无人机的力要刚好平衡，如果不平衡即合力不为零，则根据牛顿第二定律就会产生加速度。为了方便分析，这里把力分为 X、Y、Z 三个轴力及绕 X、Y、Z 三个轴弯矩。

如果轴力不平衡，则会在合力的方向产生加速度，飞行中无人机的受力包括升力、重力、阻力、推力，如图 4-1-15 所示。升力由无人机机翼提供，推力由无人机引擎提供，重力由地心引力产生，阻力主要来自空气。通常情况下，把力分解为 X 及 Z 方向的力。无人机匀速直线飞行时，由于 X 方向的阻力与推力大小相同、方向相反，故 X 方向的合力为零，无人机速度不变；由于 Z 方向的升力与重力大小相同、方向相反，故 Z 方向的合力为零，无人机不产生升降，保持匀速直线飞行。

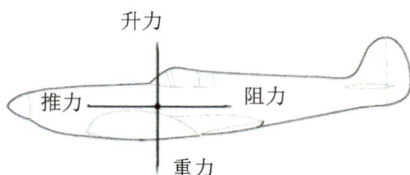

图 4-1-15　飞行中的无人机受力示意图

弯矩是一个力对物体产生的旋转效果的量度。当一个力作用在物体上且力的作用点不在物体的旋转中心时，就会产生弯矩。弯矩会导致物体绕旋转中心产生旋转运动，这种运动在无人机飞行动力学中表现为姿态变化。对无人机来说，弯矩不平衡会产生旋转加速度，从而影响无人机飞行姿态。X 轴弯矩不平衡会使无人机滚转，Y 轴弯矩不平衡会使无人机俯仰，Z 轴弯矩不平衡会使无人机偏航，如图 4-1-16 所示。

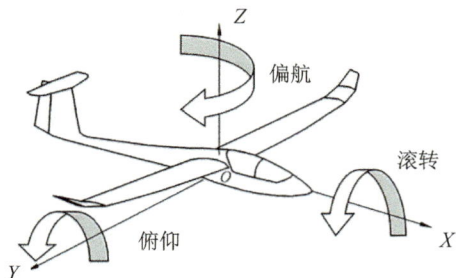

图 4-1-16　弯矩不平衡产生旋转加速度

5) 连续性定理

质量守恒定律是自然界的基本定律之一，能量既不会凭空产生，也不会凭空消失。如果把这个定律运用在流体上，就可以知道，当流体连续不断而稳定地低速流过一个粗细不等的管子时，由于管中任何一部分的流体都不能中断或被压缩，因此在同一时间内，流进任意切面的流体质量和从另一切面流出的流体质量应该相等，如图 4-1-17 所示。

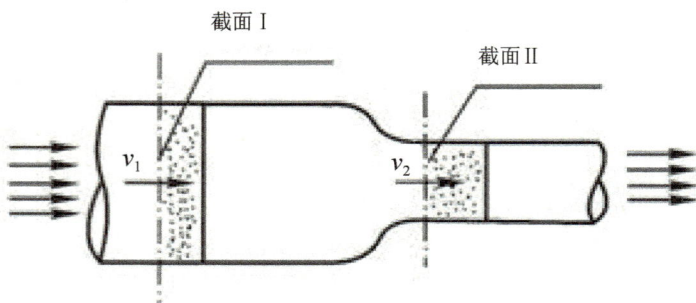

图 4-1-17　连续性定理示意图

当气体连续不间断、稳定地流过一个变截面管道时，由质量守恒定律可知，流过任意一个截面的气体质量都是相等的。

设流过截面 I 的气体质量

$$m_1 = \rho_1 v_1 S_1 \tag{4.1.1}$$

流过截面 II 的气体质量

$$m_2 = \rho_2 v_2 S_2 \tag{4.1.2}$$

依据质量守恒，$m_1 = m_2 =$ 常数，且流体密度不变，则式 (4.1.1) 和式 (4.1.2) 可简化为 $v_1 S_1 = v_2 S_2$。当横截面 S_1、S_2 大小不同时，其与速度 v_1、v_2 大小成反比，即横截面大的地方速度小，横截面小的地方速度大。

6) 伯努利定理

伯努利定理是在流体力学的连续介质理论方程建立之前，水力学所采用的基本定理，其实质是流体的机械能守恒，即动能 + 重力势能 + 压力势能 = 常数。其最为著名的推论为：对定常流的不可压缩的无黏流体，在同一条流线上，速度快的地方压力小。

伯努利定理往往被表述为

$$P + \frac{1}{2}\rho v^2 + \rho g h = C \tag{4.1.3}$$

式 (4.1.3) 被称为伯努利方程。式中，P 为流体中某点的压强，v 为该点的流体流速，ρ 为流体密度，g 为重力加速度，h 为该点所在高度，C 是一个常量，如图 4-1-18 所示。依据能量守恒定律，它也可以被表述为

$$P_1 + \frac{1}{2}\rho v_1^2 + \rho g h_1 = P_2 + \frac{1}{2}\rho v_2^2 + \rho g h_2$$

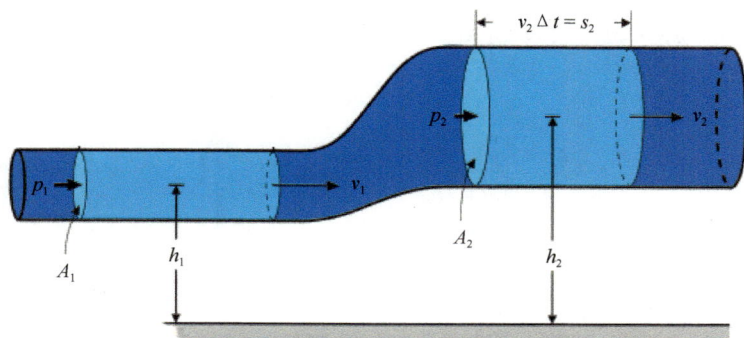

图 4-1-18　伯努利方程参数示意图

当高度一定时，重力势能可忽略，于是

$$P_1 + \frac{1}{2}\rho v_1^2 = P_2 + \frac{1}{2}\rho v_2^2$$

由连续性定理可知，不可压缩的定常流体流动时，横截面大的地方速度慢，横截面小的地方速度快。当流体流速增大时，动能增大，依据伯努利定理，与之相对应速度位置的压力势能就减小，反之流体流速减小时，压力势能增大。

一般而言，伯努利方程必须满足如下条件才成立。

(1) 定常流：整个流场不随时间变化。

(2) 不可压缩流体：流体的密度不随压力变化。

(3) 无黏：流体黏度可忽略。通俗说，就是流体无摩擦。

(4) 同一系流线 (stream line)：压力的比较必须在同一流线上才有意义（"前后"比较而不是"左右"比较）。

3. 固定翼无人机升力来源

1) 升力来源

一个在空中飞行的无人机主要受到四个方向的力，包括向下的重力、向后的空气阻力、螺旋桨提供的向前推力/拉力以及无人机自身产生的向上升力。无人机可以在天上飞是因为其自身产生的升力抵消了重力，那么无人机的升力是如何产生的？

由伯努利定理可知，在流体系统中，流体的流速越快，压力越小。而无人机正是利用了这个原理来为飞行提供升力的。沿垂直方向无人机机翼剖面图如图 4-1-19 所示。

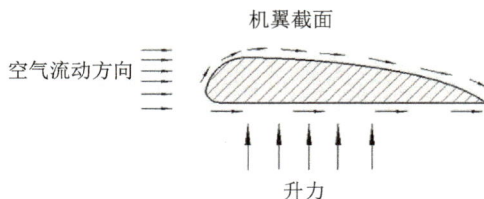

图 4-1-19　沿垂直方向无人机机翼剖面图

无人机升力来源于机翼上下表面气流的速度差导致的气压差。因为机翼的上表面是弧形的，所以使得上表面的气流速度快，而下表面是平的，故气流速度慢。根据伯努利定理可知，气体等高流动时，流速快，压强就小，所以机翼下方气体压强大，上方气体压强小，产生了气压差，进而产生升力，如图 4-1-20 所示。

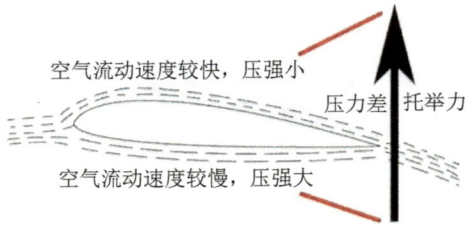

空气流动速度较快，压强小

压力差 托举力

空气流动速度较慢，压强大

图 4-1-20　升力来源原理示意图

随着无人机滑行的速度越来越快，机翼上下表面的气压差也会越来越大，当这种压力差大于无人机自身的重力时，无人机就会飞起来。

2) 影响升力大小的因素

经过理论研究和试验，科学家们发现了升力公式 $L=1/2C_y\rho v^2 S$，其中 C_y 为升力系数，ρ 为空气密度，v 为气流速度，S 为机翼面积。从公式中可以看出，升力大小与空气密度、气流速度 (也就是飞行速度)、机翼面积有关。

(1) 无人机飞行速度越快，升力越大。实验证明，飞行速度提高到原来的两倍，升力和阻力增大到原来的四倍；飞行速度提高到原来的三倍，升力和阻力增大到原来的九倍，即升力与飞行速度的平方成正比。

(2) 无人机机翼面积越大，升力越大。升力主要由机翼产生，即升力是由机翼上下表面压力差产生的，因此，压强差作用的机翼面积越大，升力就越大。

(3) 空气密度越高，升力越大。空气密度越高，作用在无人机翼上的空气分子越多，所产生的升力就越大。空气越稀薄，空气密度就越低，升力也就越小。实验证实，空气密度提高到原来的两倍，升力和阻力也增大为原来的两倍，即升力和阻力与空气密度成正比。

(4) 升力系数越大，升力越大。升力系数一般对应着机翼的翼型和迎角的变化。在一定翼型的条件下，升力系数起初随迎角增大而增大，而当迎角增大到一定程度的时候，升力系数反而会急速下降，这个现象就是失速，达到失速时的迎角叫作失速迎角，也叫作临界迎角，如图 4-1-21 所示。

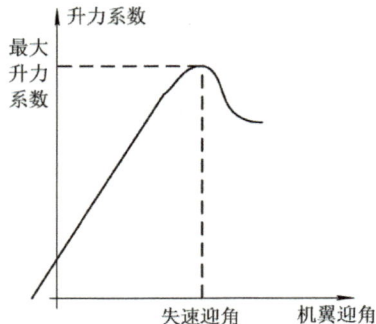

图 4-1-21　机翼迎角和升力系数的关系

3) 阻力对于飞行的影响

阻力是与飞机运动方向相反的力，起着阻碍飞机向前运动的作用，按其产生的原因可分为摩擦阻力、压差阻力、诱导阻力和干扰阻力。

(1) 摩擦阻力。

空气的物理特性之一是黏性。当空气流过飞机表面时，由于黏性，空气与飞机表面发生摩擦，产生一个阻碍飞机前进的力，这个力就是摩擦阻力。

摩擦阻力是在附面层内产生的，所谓附面层就是指空气流过飞机表面时，贴近飞机表面、气流速度由层外主流速度逐渐降为零的那一层空气流动层。

当有黏性的空气流过飞机时，紧贴飞机表面的一层空气与飞机表面发生黏性摩擦，这一层空气完全黏附在飞机表面上，气流速度降低为零。紧靠着这一静止空气层的外面第二气流层，因受静止空气层黏性摩擦的作用，故气流速度也要降低，但这种作用要弱些，因此气流速度不会降低为零。再往外，第三气流层又要受第二气流层黏性摩擦的作用，气流速度也要降低，但这种作用更弱些，因此气流速度降低得更少些。这样，沿垂直于飞机表面的方向，从飞机表面向外，由于黏性摩擦作用的减弱，气流速度就一层一层地逐渐提高，到附面层边界，就和主流速度相等了。附面层内，气流速度之所以越贴近飞机表面越小，是由于这些流动空气受到了飞机表面给它的向前作用力作用的结果。根据作用和反作用定律，这些速度减慢的气流，也必然要给飞机表面一个向后的反作用力，这就是飞机表面的摩擦阻力。

摩擦阻力的大小取决于空气的黏性、飞机的表面情况，以及与空气相接触的飞机的表面积。空气黏性越大，飞机表面越粗糙，飞机表面积越大，摩擦阻力就越大。

(2) 压差阻力。

空气流过飞机机翼时，在机翼前缘部分，受机翼阻挡流速减小，压力增大；在机翼后缘，由于气流分离形成涡流区，压力减小。这样机翼的前缘和后缘中间就产生了压力差，形成阻力。这种由前后压力差形成的阻力叫作压差阻力。机身、尾翼等飞机其他部件都会产生压差阻力。

(3) 诱导阻力。

飞机机翼上除了产生摩擦阻力和压差阻力以外，由于升力的影响，还要产生一种附加的阻力，这种由于升力而产生的附加阻力称为诱导阻力。可以说，诱导阻力是为产生升力而付出的代价。

飞机的诱导阻力是由机翼产生的升力和留下的涡流共同导致的。当飞机机翼产生升力时，流过机翼的气流会受到机翼的影响而产生旋转，形成尾迹涡流。这些涡流对于后续气流的流动产生了影响，减小了升力的效率，同样也会导致阻力的增加，形成了飞机的诱导阻力。

具体来讲，飞机的诱导阻力主要受以下几个因素的影响：

① 机翼几何形状。飞机机翼的翼展、弦长、后掠角等几何参数会影响机翼产生的升力和涡流的形成。

② 气流流动状态。气流状态包括空气密度、速度、攻角等，这些因素都会影响流经飞机机翼表面的气流状态，从而影响机翼产生的涡流大小和位置。

③ 飞机的速度和机型。不同的飞机速度和机型产生的涡流大小、位置和形状各不相同，

对诱导阻力的影响也不同。

（4）干扰阻力。

飞机的干扰阻力主要指在飞机飞行时受到一些外界因素的影响所产生的阻力，它会影响飞行稳定性和飞行效率，主要表现在下几个方面：

① 空气湍流干扰。飞机在高空飞行时，可能会遭遇空气湍流的干扰，从而导致飞机姿态不稳定，需要进行一定的修正才能保持平衡。

② 强风干扰。强风的干扰会影响飞机的行进方向和速度，可能会导致偏航甚至飞机失速等问题。

③ 大气压力影响。在不同的高度和气压下，空气密度产生变化，这会进一步影响飞机的机动性和飞行效率。

④ 机体振动干扰：飞机在高速飞行时，由于压差等因素，会使飞机机身产生一定的振动，进一步影响其稳定性。

为了减小飞机的干扰阻力，飞机制造商和空管部门采取了多种措施。例如，在设计飞机时采用各种表面形态和流体力学原理改善气动布局，增加机体稳定性；空管部门也会根据天气情况进行飞行航线和高度的调整，尽可能避免飞机受到干扰阻力的影响。

◯ 练习题

根据本任务所学的知识，分析固定翼无人机飞行原理。

练习题库：固定翼
无人机基础知识

任务二 固定翼无人机机体组装

本任务主要学习固定翼无人机机体组装的相关内容，旨在使学生掌握固定翼无人机机体组件组装的操作步骤，为后续进行固定翼无人机组装与调试奠定基础。

固定翼无人机
机体组装

一、无人机机体组件认知

固定翼无人机的飞机平台目前采用最多的还是常规布局，其飞机平台跟有人驾驶飞机一样，也是由机身、机翼、尾翼和起落架四个部分组成。

1. 机身

飞机机身的主要作用是将飞机的其他部件如机翼、尾翼、发动机、起落架等连接成一个整体。设计飞机机身还需要考虑飞行动力学、气动力学、结构强度、材料选用等因素，以保证飞机的稳定性和安全性。总之，机身是飞机的重要组成部分，直接关系到飞机的安全、性能、经济性等。

传统的金属结构机身是由纵向构件（沿机身纵轴方向）长桁、桁梁和垂直于机身纵轴的横向构件隔框以及蒙皮组合而成。这种结构在设计和制造上非常复杂，需要考虑材料的强度、重量、耐久性等多方面的因素。

飞机机身一般采用复合材料结构，复合材料是由两种或多种不同材料组合而成的，具有轻量化、高强度、高刚度等优点，可以更好地满足现代航空工业的需求。与传统金属结构相比，复合材料结构具有以下优点：

(1) 轻量化：由于复合材料的密度比金属低，因此可以使整个飞机的重量更轻，从而节省燃油和降低碳排放。

(2) 高强度：复合材料具有很高的强度和刚度，可以承受更大的载荷和振动，同时也能够减少结构的疲劳开裂和老化问题。

(3) 耐腐蚀：由于复合材料不容易受到腐蚀和氧化，因此可以提高飞机的寿命和可靠性。

(4) 生产效率高：可以采用模块化制造复合材料，从而降低生产成本，同时也方便组装和维护。

(5) 美观：由于复合材料具有良好的表面质量和外观，因此可以提高整个飞机的外观水平和美观程度。

综上所述，在未来的航空工业中，复合材料结构将逐渐取代传统金属结构，成为航空工业的主流发展方向。

2. 机翼

飞机机翼的主要作用是产生升力，支持飞机在空中飞行，同时也起到操纵与稳定作用。飞机机翼形状的设计参数直接影响其产生升力的效果。常见的飞机机翼平面形状有矩形、梯形等，曲率则通常由翼型来决定。机翼通常采用对称或非对称的翼型来产生升力，非对称翼型能够产生更大的升力，但同时也会造成一定的阻力。在飞机飞行过程中，机翼还需要进行俯仰、横滚、偏航等运动来控制飞机的姿态和飞行方向。

3. 尾翼

尾翼由水平尾翼（简称平尾）和垂直尾翼（简称垂尾或立尾）组成，一般用于飞机、船舶等交通工具的控制和稳定。飞机的水平尾翼通常位于飞机机身的尾部，可以控制飞机的纵向运动，如飞机升降。垂直尾翼通常位于水平尾翼的顶部，可以控制飞机的横向运动，如左右平衡。尾翼的设计和安装位置对交通工具的稳定性控制具有重要影响，如过小或不正确安装的尾翼都可能导致飞机失速或失控。

4. 起落架

起落架是飞机实现起飞和着陆的主要装置，是保证飞机安全飞行的关键部件。起落架的主要功能是支撑飞机在地面上行驶和停靠，并在飞机起飞和着陆时控制其姿态。起落架的设计和制造需要考虑多种因素，包括飞机的重量和速度、起降场地的条件以及起落架的自重和强度等。因此，起落架的制造和维护需要专业的知识和技能。

二、无人机机体组装

本任务以塞斯纳 182 固定翼教练机机型为例进行学习，塞斯纳 182 型无人机是无人机操作手日常训练的基础机型之一，它的结构简单、质量轻，安全性能高，适合初学者进行基础操作和训练。塞斯纳 182 型无人机在模拟飞行、空中摄影、航空竞技、教育和科学实验等领域都有广泛应用，可以实现稳定的飞行和精准的操控。

塞斯纳 182 型固定翼无人机机体组装产品清单见表 4-2-1。

表 4-2-1　塞斯纳 182 型固定翼无人机机体组装产品清单

名称	数量 / 个
螺旋桨	1
整流罩	1
机舱罩	1
主翼	2
机身	2
垂尾	1
平尾	1
机翼加强杆	2
电机座	1
舵机拉杆	5
金属调节器	5
舵角	7
起落架	1
配件包	1

下面介绍固定翼无人机机体组装操作步骤。

步骤 1：安装舵角。

打开配件包，找出其中所有的舵角。在安装舵角前，需要将舵角安装位涂上一层薄薄的泡沫胶，然后将舵角插入其中，最后在安装位背面扣上舵角锁扣，放置一旁等待胶干。需要注意的是，在安装垂尾舵角的时候，需要将舵角安装在垂尾右侧。在安装水平尾翼之前要先将 C 形钢丝固定在平尾凹槽内，这可以使左右平尾处于同一个平面。具体安装办法是将 C 形钢丝打上泡沫胶装入平尾凹槽中，将尾翼翘起并用其他东西固定住，等待胶干，这可以最大程度地保证两个水平尾翼的平直。胶干后便可以正常安装舵角。以同样的方法将舵角安装在平尾左侧的舵面上。最后，可以将短的加强杆提前用胶黏合在平尾预置凹槽中，方便后续使用。

步骤 2：连接机翼。

取出左右两片机翼，在中间连接位置涂上适量的泡沫胶，涂抹均匀。然后将左右两片机翼严丝合缝地黏合，确保没有错位的情况，最后将黏合的部分用纸胶带进行固定。在使用纸胶带之前可以将胶带在手掌上黏几下，降低胶带的黏性。

步骤 3：组装机身。

由于机身的特殊性，在黏合机身前需要先将导管和电调安装在机身内部，以方便后续安装。

(1) 安装导管。

在安装导管的过程中应当尽量保证其平直，这样可以减小舵机的阻力。第一根导管的位置不用过长，只需要将其安装在如图 4-2-1 所示开口的边缘即可。

图 4-2-1　第一根导管安装位置

将第二根导管安装在机身的另一侧，需要穿过如图 4-2-2 所示圆孔，然后将其平直地安装在预留的凹槽中。

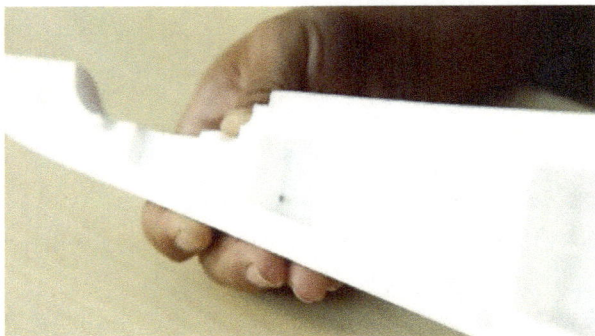

图 4-2-2　第二根导管安装位置

(2) 安装电调。

将预先粘好背胶魔术贴的电调安装在机体内部，然后将电源线穿过通往电池仓的缝隙，如图 4-2-3 所示。如果机身黏合，那么电调电源线很难从预留缝隙穿出。

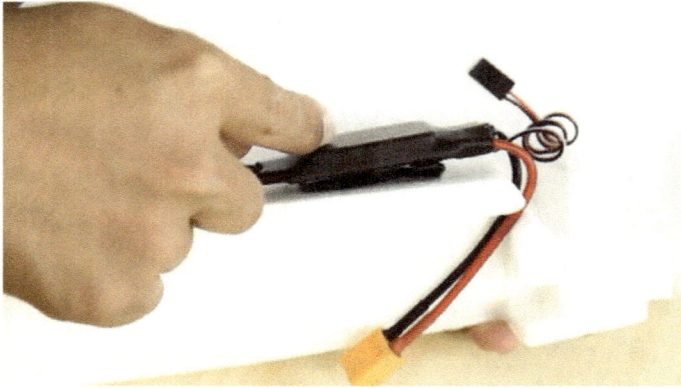

图 4-2-3　安装电调

接下来黏合机身，将两片机身连接处涂好泡沫胶，如图 4-2-4 所示，然后将其严丝合缝地粘在一起。

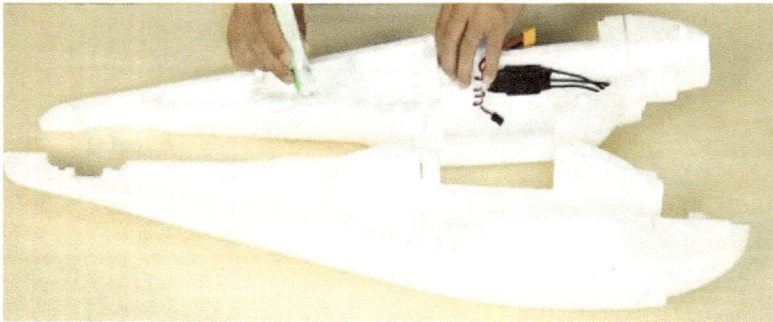

图 4-2-4　黏合机身

步骤 4：安装木质组件。

(1) 将机翼固定片的两片长条木片进行黏合，如图 4-2-5 所示，注意六角形和圆形的孔要中心对齐。待胶干后嵌入六角形螺母并点胶固定，然后涂上泡沫胶固定在机身内部。

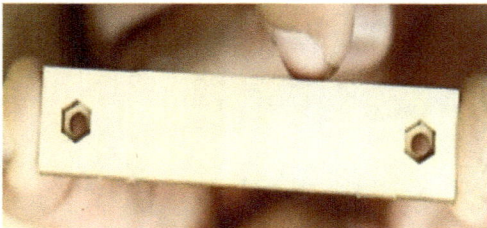

(a) 六角形孔和圆形孔中心对齐　　　　　(b) 将长条木片涂胶固定安装

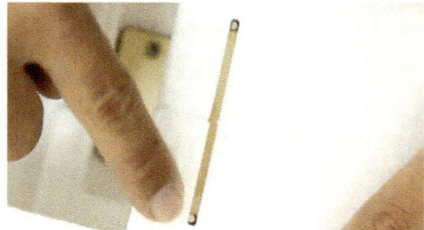

图 4-2-5　安装木质组件

(2) 稍短一些的后起落架木片也使用同样的方法黏合起来。注意黏合的时候不要错位，如图 4-2-6 所示。

图 4-2-6　黏合后起落架木片

(3) 待胶干后，将有螺钉一面朝上黏合在机身内部，如图 4-2-7 所示。

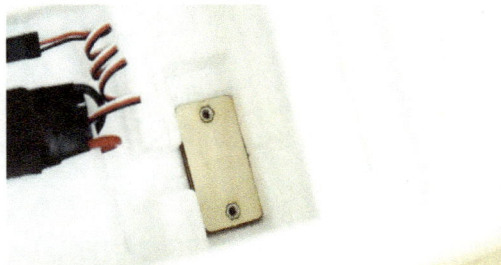

图 4-2-7　黏合在机身内部

(4) 粘贴机身底部的两个木片，如图 4-2-8 所示。

图 4-2-8　粘贴机身底部的两个木片

(5) 安装导流罩固定木片，如图 4-2-9 所示。

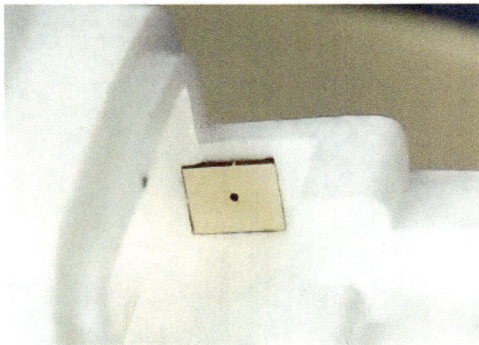

图 4-2-9　安装导流罩固定木片

(6) 安装前起落架固定片，如图 4-2-10 所示。

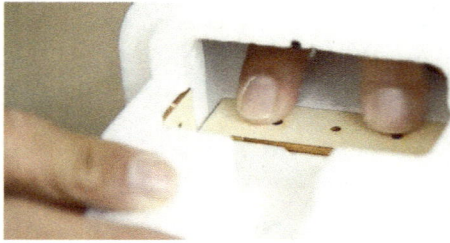

图 4-2-10　安装前起落架固定片

(7) 安装机头罩固定木片，如图 4-2-11 所示。

图 4-2-11　安装机头罩固定木片

(8) 安装主翼固定片，等机翼胶干后，拆掉纸胶带，将主翼固定片黏合在主翼预留槽中，如图 4-2-12 所示。

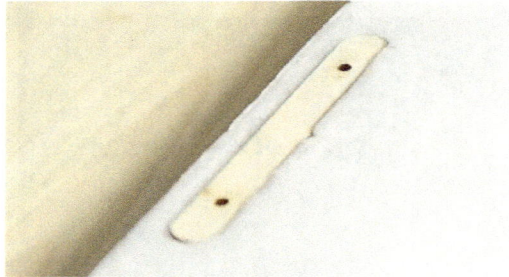

图 4-2-12　安装主翼固定片

(9) 安装方向舵和升降舵的安装板。在安装板上均匀涂抹泡沫胶，将其粘在机腹内对应位置，如图 4-2-13 所示。

注意：安装时，宽边朝向机头，窄边朝向机尾。

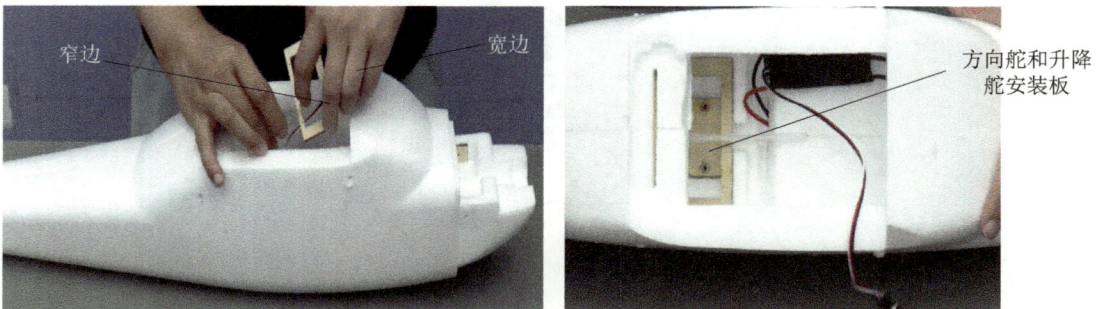

图 4-2-13　安装方向舵和升降舵安装板

步骤 5：安装尾翼。

(1) 将胶干的水平尾翼黏合在机身上，安装到位，如图 4-2-14 所示。

图 4-2-14　安装水平尾翼

(2) 将垂直尾翼粘贴在机尾对应位置，如图 4-2-15 所示。安装完成后，观察平尾和垂尾是否平直。

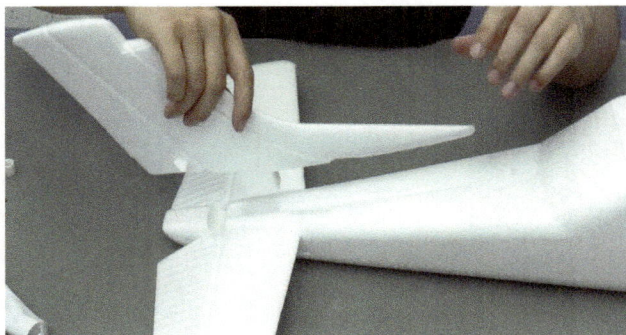

图 4-2-15　安装垂直尾翼

步骤 6：组装起落架。

(1) 用长螺钉和两个螺母将轮子固定在支架上，如图 4-2-16 所示。保证轮子的安装结实牢固并且轮子可以顺畅地转动。将起落架对准机身底部的后起落架固定木片的螺钉孔位，插入螺钉并拧紧。

(a) 固定轮子　　　　　　　　　　　　　(b) 固定起落架

图 4-2-16　组装起落架

(2) 安装前起落架，如图 4-2-17 所示，使用环形锁扣将轮子固定在前起落架钢丝上，将钢丝穿过前起落架固定片用舵机摇臂进行固定。

(a) 轮子　　　　　　　　(b) 环形锁扣　　　　　　　(c) 舵机摇臂

图 4-2-17　安装前起落架

练习题

根据本任务所学操作步骤和方法，完成固定翼无人机机体组装。

练习题库：固定翼
无人机机体组装

实训任务单：固定翼
无人机机体组装

任务三　固定翼无人机动力系统安装

本任务主要学习固定翼无人机动力系统安装的相关知识，包括固定翼无人机动力系统的组成、选型要求以及电机和螺旋桨安装要求，旨在使学生掌握固定翼无人机动力系统的安装步骤及安装注意事项，并在此基础上完成固定翼无人机动力系统的安装。

固定翼无人机
动力系统安装

一、固定翼无人机动力系统组成认知

动力系统是无人机最重要的基础系统之一，包括发动机、推进器、燃料、电力系统、控制系统等组成部分。其中，发动机被视为整个动力系统的核心。通常，固定翼无人机的发动机采用热机发动机或电动机，如燃气涡轮发动机、往复活塞发动机、无刷电机等。

电动固定翼无人机的动力系统主要由以下几个部分组成：

(1) 电机。电动固定翼无人机通常采用无刷直流电机，其转速和扭矩可以通过调整电机电压和电流来控制。

(2) 电池。电池是无人机的能量来源，电动固定翼无人机通常采用锂电池，其电压和容量决定了无人机的续航时间和飞行性能。

(3) 控制器。固定翼无人机的控制器主要负责控制电机的转速和方向，以及通过调整舵面的角度来控制无人机的姿态和飞行方向。

(4) 螺旋桨。螺旋桨是将电机的动力转化为飞行动力的重要部件，其叶片的数目、形状和大小都会影响无人机的飞行性能。

(5) 速度控制器。速度控制器也称电子调速器，主要负责控制电机的转速，并将电池的电压和电流通过电调器转换为电机需要的电源。

以上五个部分共同组成了电动固定翼无人机的动力系统，其运作过程中需要各部件之间的协调配合，才能保证无人机的飞行稳定和安全。

二、学习固定翼无人机动力系统选型要求

1. 选择要素

在选择固定翼无人机的动力系统时，需要考虑以下几个因素：

(1) 质量和尺寸：选择适合固定翼无人机尺寸和质量的电机和电池。

(2) 飞行时间和续航能力：选择能够提供足够长续航时间的电池和有效的能量管理系统。

(3) 飞行速度和载荷：选择适合固定翼无人机要求的电机和螺旋桨，以实现所需的飞行速度和能够携带的载荷。

(4) 稳定性和控制能力：选择具有良好稳定性和控制能力的电机和电调系统。

(5) 可靠性和维护成本：选择质量可靠、易于维护的组件以降低长期成本。

2. 电机选型要求

在选择电机时，需要考虑电机的功率和推力。功率越大，电机的推力就越大，飞行速度和爬升能力也随之增加。基本上，电机功率和推力应该与无人机的质量和尺寸相匹配。小型无人机常用的电机包括无刷直流电机和有刷直流电机。无刷直流电机更高效，只需要

较少的维护，但成本通常较高。有刷直流电机维护成本较低，但相对较容易损坏。对于大型无人机，涡轮螺旋桨发动机是一个更好的选择，因为它们能够提供更大的推力和更高的飞行速度，同时续航时间也相对较长。但是，它们的价格昂贵并且需要定期维护。

3. 电池选型要求

在选择电池时，需要考虑其容量和充电速度。容量越大，续航时间就越长，但质量也会增加。另外，考虑到总体质量和电池容量之间的关系，需要选择适当的电池容量以实现最佳的续航时间。

三、学习固定翼无人机动力系统组装及要求

1. 电机安装

1) 安装角

固定翼无人机电机的安装角是指其安装在无人机上的角度，它会影响电机的输出扭矩和稳定性。安装角度不正确会导致无人机姿态控制不稳定，对飞行安全会有影响。

通常情况下，固定翼无人机电机的安装角度应该与机翼顶面平行，这可以提供最佳的升力和阻力比。然而，具体的安装角度要根据不同的无人机类型、机翼形状等因素来确定，并且需要通过试飞进行调整。

一般来说，低翼机和高翼机电机的安装角度有所不同。在低翼机上，电机倾斜向上可以防止电机碰到地面或草丛，但也会增加一些阻力和气动影响；在高翼机上，电机倾斜向下可以提高机体稳定性，但同时也会减小一些升力和速度。

总之，固定翼无人机电机的安装角度需要根据具体情况进行调整，以获得最佳的飞行性能。

2) 反扭力

固定翼无人机反扭力是指在长轴方向产生的力矩，是由于无人机发动机在旋转推进的时候，螺旋桨的旋转方向导致的。由于旋转方向的不同，螺旋桨产生的气流方向也不同，进而导致发动机产生的反作用力方向也不同。

在单旋翼固定翼无人机中，反扭力会引起无人机向侧滑方向倾斜，需要通过相关的措施来抵消这种倾斜。常见的方法有安装侧向推力发动机，使一侧的发动机产生的反扭力和另一侧的相互抵消。或者在固定翼无人机垂直尾翼上增加偏振量，使无人机可以产生侧向推力以进行补偿。再就是增加固定翼无人机的机翼和方向舵面积以及有效横向面积，提高横向稳定性和控制性。

2. 螺旋桨安装

1) 正反桨

固定翼无人机螺旋桨分为正和反两种类型。从上往下看，正桨呈逆时针方向旋转，而反桨呈顺时针方向旋转。在安装两个螺旋桨时，需要将一个正桨和一个反桨配对使用，这样能够有效地平衡无人机的转向和稳定性。对于双引擎无人机，通常将正桨放在右侧，反

桨放在左侧，以提高无人机的稳定性和控制性。对于单引擎无人机，正反桨则根据具体设计进行安装。在选择螺旋桨时，需要根据机型和使用条件，考虑适当的尺寸、材料和转速等因素。

2) 电机和螺旋桨的固定

(1) 固定方式。

将螺旋桨固定在电机上通常采用以下两种方式：

① 直接安装：将螺旋桨直接安装在电机的输出轴上，然后用螺丝固定螺旋桨。这种方式简单易行，但需要注意螺丝的数量和大小，以及螺旋桨和电机的匹配性。

② 使用适配器：适配器是一种中间件，它可以将螺旋桨与电机的输出轴连接起来，使其适配。适配器有多种接口，可适应不同规格的螺旋桨和电机，使它们的连接更加牢固和安全。

在上述两种方式中，使用适配器的方式更加常见。如果选择适配器，则需要注意适配器的材质和尺寸，以确保其与电机和螺旋桨的匹配性，并且适配器的安装位置应在转子平面的中心位置，以保证螺旋桨的平衡性。此外，还需要注意适配器和电机的耦合紧密度，以免因转动误差和摆动带来的不平衡在无人机飞行中产生干扰。

(2) 固定电机和螺旋桨的注意事项。

① 检查螺旋桨是否适合固定翼无人机。在购买螺旋桨之前，需要先了解固定翼无人机所需螺旋桨的类型、大小、轴孔大小、旋转方向和材质等信息，确保购买的螺旋桨与无人机匹配，避免安装和飞行期间出现问题。

② 选择正确的安装方法。根据固定翼无人机型号和螺旋桨规格，按照正确的方法安装螺旋桨。很多固定翼无人机的螺旋桨采用配对的方法进行安装（即将螺旋桨与电机配对），确保按照正确的顺序和方向安装螺旋桨。

③ 调整螺旋桨的平衡。在安装每个螺旋桨之前，需要使用平衡器来检查螺旋桨是否平衡。如果螺旋桨不平衡，则将导致无人机在飞行期间产生震动，严重情况下可能引起无人机坠落。如果发现不平衡，那么可使用砂纸或采用其他方法进行轻微调整。

④ 确保螺旋桨的正确安装。在安装螺旋桨时，确保其与电机连接完全固定并在电机轴心线上对齐。如果安装不当，那么将会导致螺旋桨磨损、松动或脱落，从而对无人机和飞行安全造成严重影响。

3. 安装实例

固定翼无人机动力系统组装步骤如下。

步骤 1：安装电机。

把电机安装在电机座上，安装时要注意对齐孔位，然后使用泡沫胶将电机座黏合在机头部位，如图 4-3-1 所示，确保黏合牢靠紧固。

步骤 2：连接电机与电调。

将电机与电调相连接，此时可以使用对好频的遥控器进行转向测试，若电机旋转方向相反，则调换任意两根电机与电调的连线即可。

步骤3：安装螺旋桨。

将螺旋桨带字的一面朝机头方向进行安装，注意安装要牢固并且正确，可以使用扳手对子弹头进行加力旋紧，如图4-3-2所示。

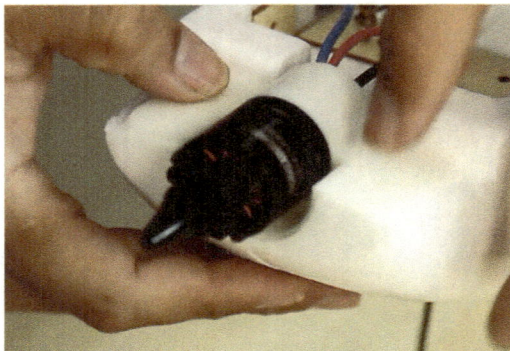

图4-3-1　安装电机座

图4-3-2　安装螺旋桨

练习题

根据本任务所学操作步骤和方法，完成固定翼无人机动力系统组装。

练习题库：固定翼
无人机动力系统安装

实训任务单：固定翼
无人机动力系统安装

任务四　固定翼无人机飞控系统安装

本任务主要学习固定翼无人机飞控系统的相关理论知识，包括固定翼无人机飞控系统的工作原理、组成及安装注意事项，旨在使学生掌握固定翼无人机飞控系统的安装步骤，并在此基础上完成固定翼无人机飞控系统的安装。

固定翼无人机
飞控系统安装

一、飞控系统认知

1. 飞控系统工作原理

飞控系统又称无人机自动驾驶系统，是无人机的核心控制系统，飞控系统的工作流程如下：

(1) 输入意图：通过无线遥控器向飞控输入指令，无人机上升到一定高度，然后右转弯飞行。

(2) 采集数据：传感器检测无人机的飞行状态参数(如姿态、加速度、转速等)，GPS定位模块记录无人机的位置信息，将检测到的信号传递给飞控。

(3) 数据处理和计算：飞控将传感器采集到的数据和GPS记录的位置信息进行处理和计算，并核算出实际高度、角度和位置等参数。

(4) 输出控制指令：飞控系统根据目标高度和位置，通过主控制器处理并输出控制指令，控制执行器，实现无人机电机速度的调节和飞行姿态的控制。

(5) 反馈控制：随着无人机实际高度、姿态和位置等参数的变化，飞控系统通过传感器不断采集数据，不断进行数据处理并再次输出控制指令，以实现控制无人机的方向、高度、姿态等变化。

(6) 完成任务：一旦无人机到达目标高度和位置，飞控系统通过主控制器输出命令，控制无人机执行任务，并在飞行过程中记录数据。

通过上述流程，飞控系统能够实现对无人机的自动控制，完成不同的飞行任务。飞控工作原理主要是通过对数据的采集、处理和计算，输出控制指令，再通过反馈控制和数据记录等进行不断调整和优化，确保无人机在飞行过程中保持稳定和安全。

2. 飞控系统的组成

无人机飞控系统通常包括以下组成部分：

(1) 主控制器 (main controller)：主要负责控制整个飞控系统的运行和无人机的电机，通常采用单片机或者嵌入式系统来实现。

(2) 传感器 (sensors)：包括加速度计、陀螺仪、磁力计、气压计等，用于测量无人机的飞行状态参数，如速度、高度、倾斜角度等。

(3) 执行器 (escs 或 actuators)：负责控制无人机的电机和舵机，实现飞行姿态控制和飞行升降、转向等功能。

(4) 遥控器 (remotecontrol system)：包括摇杆、电池、接收器、发射机等，用于远程遥控无人机。

(5) GPS 导航 (GPS navigation)：用于无人机定位和导航。一般在外场环境下使用。

(6) 电源 (power system)：负责为整个飞控系统和无人机提供电源。

(7) 数据记录 (data logging)：记录无人机在飞行过程中的数据信息，以便分析和评估任务完成情况。

二、飞控系统安装

1. 飞控安装注意事项

给固定翼无人机安装飞控时，要避免与电机、电池等干扰源过近，注意飞控不能受到太强的震动，因为震动会影响传感器的精度。同时注意飞控安装方向的正确性，无人机按照姿态飞行时，PIX 飞控的前面需要朝向机头方向，正确的安装方向有助于保证传感器的精度。安装飞控以后，一定要进行传感器校准，包括加速度计、陀螺仪和罗盘。

2. 空速计安装注意事项

(1) 应采用符合标准的安装方法将空速计安装在固定翼无人机的适当位置上。安装位置应离无人机表面足够远，以避免风阻的干扰。

(2) 安装空速计的过程中，应避免损坏空速管、传感器和其他部件。安装前要进行检查，确保所有零部件良好，无任何损伤。

(3) 空速计的安装位置应该使其足够平稳，以保证测量的准确度。周围环境应清洁、干燥、无震动，并且远离热源或电源的影响。

(4) 在安装空速计前，需要对其进行验证和校准，以确保其精度和可靠性。如果需要重新校准，则应按照厂家的指示进行校准。

3. GPS 安装注意事项

GPS 模块是无人机的重要组件之一，它的主要作用是定位和导航。GPS 模块可以接收卫星信号，并通过处理对应的卫星信号信息来计算无人机所处的精确位置。在无人机飞行过程中，GPS 模块可以实时提供无人机的位置、速度、高度等信息，从而准确掌握无人机的运动状态和飞行轨迹，并能够在需要时进行自主导航或规划飞行路线。

固定翼无人机 GPS 安装注意事项：

(1) 应该将 GPS 模块安装在一个无遮挡的位置，以便接收卫星信号。

(2) 将 GPS 天线安装在固定翼无人机表面上，安装前先清理无人机表面，然后将 GPS 天线与 GPS 模块连接。

(3) 安装 GPS 模块时，需要将 GPS 模块与固定翼无人机中控板相连，连接后再将其安装在一个稳固的位置。GPS 模块连接错误可能导致飞行偏差，因此必须确保连接正确。

(4) 配置 GPS 设备需要遵循设备手册中的操作步骤，进行参数设置、通信和校准等。

4. 接收机安装注意事项

接收机是一种无线电设备，能够接收来自遥控器的指令信号，然后控制无人机进行各种动作，例如飞行、转向、升降等。无人机接收机通常由一个外部天线、一个电路板和一个微处理器组成，能够接收来自发射机的无线信号并将其转换成控制信号，通过舵机或电调等设备控制无人机的运动。无人机接收机在无人机控制系统中扮演着重要的角色，直接影响着无人机的飞行性能和控制精度。

固定翼无人机接收机安装注意事项：

(1) 应该将接收机安装在固定翼无人机的中心位置，且不受到强电磁干扰的影响。

(2) 将接收机的天线正常摆放，不被金属物遮挡。

(3) 接收机的供电应该与固定翼无人机的电源分离，以避免电源噪声对接收机信号的干扰。

(4) 接收机应安装牢固，避免出现松动或者错位的情况。

(5) 应将接收机处于固定翼无人机的保护框内，以防止碰撞或者其他意外造成损坏。

(6) 在调试接收机时，注意避免干扰其他频段的无线通信设备。

5. 安装实例

以塞斯纳 182 固定翼无人机为例，安装 PIX 飞控的操作步骤如下：

(1) 寻找 PIX 飞控的安装位，或者自行构建安装平台。如图 4-4-1 所示，使用泡沫胶将大小适合的泡沫板粘贴在机身内部侧壁上，形成安装平台。在涂胶粘贴之前，使用水平尺进行测量，保证安装平台的水平。

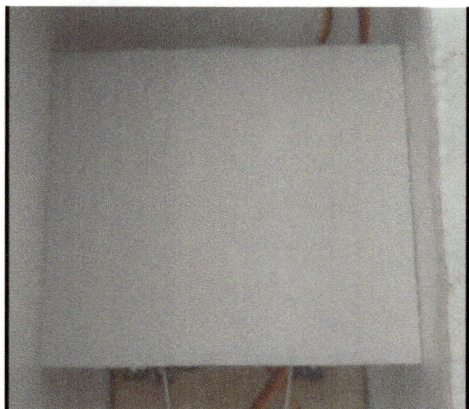

图 4-4-1　安装飞控

(2) 将副翼舵机信号线、升降舵舵机信号线、方向舵舵机信号线的地线朝上，分别接在飞控的 "MAINOUT" 的 1、2、4 口，电调信号线接 3 口。

(3) 将接收机连接在飞控的 "RCIN" 口，并使用 3M 胶固定在机身内部侧面。

(4) 安装 GPS，将 GPS 的 6 拼和 4 拼插口分别连接在飞控的 "GPS" 和 "12C" 接口，然后将 GPS 箭头指向机头方向，并使用魔术贴固定在机舱内。

三、舵机安装

1. 舵机回中

无人机舵机回中指的是将舵机重新定位在无人机的正中心位置，以确保舵机的位置正确度和对无人机的控制精度。舵机回中的意义在于确保无人机在飞行时，操作者可以准确地控制无人机的飞行方向和姿态，并确保无人机的稳定性和安全性。在操作过程中，舵机回中也可以帮助无人机更加精准地执行飞行任务，从而提高整个系统的效率和性能。

　　使用一个已经与遥控器对频的接收机，将两个副翼舵机用 Y 线相连，接入接收机第一通道，升降舵舵机信号线接入接收机第二通道，电调信号线接入接收机第三通道，方向舵舵机信号线接入接收机第四通道。打开遥控器，确保油门摇杆位于低位，且在电机未安装螺旋桨的情况下，将电调与电池相连，此时舵机将自动回归中立位置，或使用外置电源给接收机供电，此时舵机也将自动回归中位，如图 4-4-2 所示。

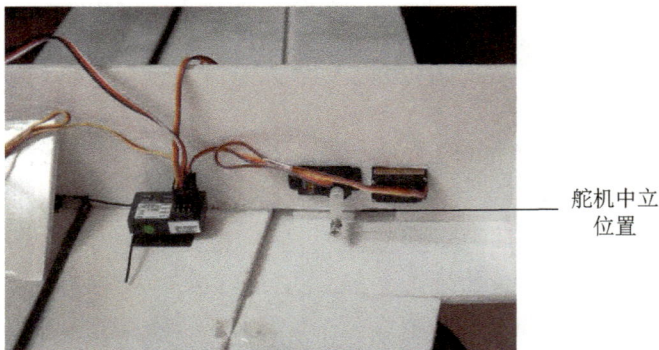

图 4-4-2　舵机回中

2. 舵机与舵面的连接

　　舵机是一种可控制方向的设备，通常用于控制机器人、飞机、船舶或车辆等的方向。而舵面是指机器人、飞机、船舶或车辆上的移动部件，主要用于控制它们的行驶方向。

　　舵机与舵面的连接通常有以下几种方式：

　　(1) 直接连接：将舵机的输出轴与舵面直接连接，可以通过控制舵机的旋转方向，从而使舵面左右运动。

　　(2) 连杆连接：采用摇臂、连杆和舵角，将舵面与舵机连接起来，进行舵面操纵。通过操控无人机副翼舵面、方向舵舵面和升降舵舵面的偏转来控制无人机的飞行姿态。

　　(3) 罗茨轮装置：罗茨轮装置是一种机械结构，可以将直线运动转换成旋转运动。将罗茨轮与舵面连接，再将罗茨轮与舵机转换装置相连接，就可以实现舵机与舵面的转换效果。

　　(4) 万向节轴连接：使用万向节轴连接方式可以使舵机和舵面在各个方向上具有更大的灵活性和运动范围，从而提高舵机控制舵面的效率。

3. 舵机安装步骤

　　以本任务实训机安装为例，其舵机安装步骤如下。

　　步骤 1：安装机翼上的舵机。

　　首先找出固定翼无人机机翼上的安装槽，确定舵机在机翼上的安装位置；然后安装舵机摇臂和金属拉杆，将舵机摇臂垂直于舵机安装，但不完全等于 90°，选取接近位置进行安装即可；最后将舵机涂胶后压入安装槽中。注意：如果需要涂胶的一面有标签，可以将标签撕下贴在另一边，以保证黏结的牢固性。确保舵机安装牢固后，将舵机信号线顺着线槽走出来，并与 Y 线相连，把 Y 线扣压到接口的预留槽中，最后将机翼加强杆涂胶安装进预留槽中，如图 4-4-3 所示。

图 4-4-3　安装加强杆

步骤 2：安装升降舵和方向舵的舵机。

将舵机信号线从舵机安装板下方的洞口掏出，使用螺钉将舵机固定在舵机安装板上。

步骤 3：安装升降舵和方向舵的摇臂。

升降舵使用较短的钢丝和一个单摇臂，方向舵由于需要同时控制方向舵和无人机的转向轮，因此使用十字盘形摇臂且最长的钢丝外还需要一根短的钢丝。将钢丝通过之前预留在机身内的导管向后穿出，然后将摇臂固定在对应的舵机上，如图 4-4-4 所示。

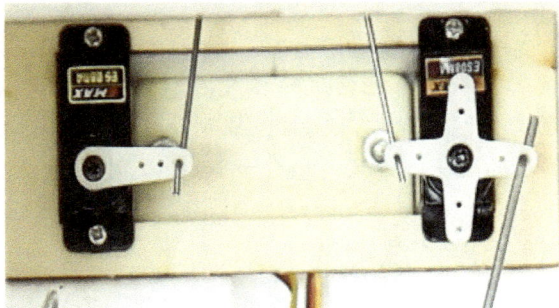

图 4-4-4　安装升降舵和方向舵舵机摇臂

步骤 4：固定安装金属调节器。

如图 4-4-5 所示，依次将金属调节器套在金属拉杆上，然后与各个舵角相连接。需要注意的是，使用螺母固定金属调节器时，拧紧后需要再回拧半圈，以便于金属调节器更好地工作。不要忘记给螺母打胶以防止螺母松动造成危险。最后将金属固定器顶部螺钉固定好，完成安装。

图 4-4-5　固定安装金属调节器

○ 练习题

根据本任务所学操作步骤和方法，完成固定翼无人机飞控系统的安装。

练习题库：固定翼
无人机飞控系统安装

实训任务单：固定翼
无人机飞控系统安装

任务五　固定翼无人机系统调试

本任务主要学习固定翼无人机系统调试的相关内容，包括固定翼无人机遥控系统调试、动力系统调试以及飞控系统调试，旨在使学生掌握固定翼无人机系统调试的要点、方法与操作步骤。

固定翼无人机
系统调试

一、固定翼无人机遥控系统调试

1.遥控器设置

在进行固定翼无人机系统调试时，应先建立遥控器与无人机间通信，完成遥控器与接收机的功能设置与调试，设置内容如表 4-5-1 所示。

表 4-5-1　遥控器设置

序号	遥控器设置项	设 置 内 容
1	系统设置	设置摇杆模式和发射模式
2	新建模型	新建模型并设置模型名称
3	机型选择	选择固定翼模型
4	对频	遥控器与接收机对频
5	舵机相位	根据调试需要设置舵机相位的正反
6	中立微调	根据调试需要进行舵机中立位置的调整
7	舵机行程量	根据调试需要进行舵机行程调整
8	关闭油门	设置油门上锁位置（当低于该油门位置后打开开关即可手动上锁）

固定翼无人机遥控器设置的具体操作步骤如下：

(1) 打开遥控器。

(2) 选择"系统设置"选项。

(3)"摇杆模式"选择"模式 1 或模式 2"(日本手选模式 1，美国手模式 2)。

(4)"发射模式"选择"打开"，这时遥控器状态显示灯绿灯常亮，如图 4-5-1 所示，返回基础菜单。

图 4-5-1　遥控器发射指示灯

2. 接收机设置

无人机接收机主要用于接收来自遥控器的无线信号，并将信号转换为控制信号，以控制无人机的飞行动作。接收机是无人机遥控系统中的关键部件之一，主要功能有以下几个方面：

(1) 接收信号：接收来自遥控器的无线信号。

(2) 解调信号：将接收到的模拟信号转换为数字信号，方便进行信号处理和控制。

(3) 检测信号：通过对信号的检测和校验，保证信号的准确性和稳定性。

(4) 解码信号：将接收到的信号解码为控制信号，并通过控制器控制无人机执行相应的动作，如前进、后退、上升、下降、旋转等。

(5) 信号重复：对接收到的信号进行放大并重复发送，从而扩大无人机的控制范围和距离。

接收机是控制无人机飞行方向和动作的核心部件，而有效地接收和处理信号是保证无人机安全稳定飞行的关键。

1) 接收机模式选择

PPM 和 SBUS 是接收机输出信号的两种格式。它们的主要区别如下：

(1) PPM 模式。PPM(Pulse Position Modulation) 即脉冲位置调制。在 PPM 模式下，接收机通过把多个信道的数据合并处理，输出一个单一的、脉冲宽度可变的信号。这个信号中，通过脉冲宽度的位置和时间上的变化来表示不同的数据。

(2) SBUS 模式。SBUS(Serial Bus) 即串行总线。在 SBUS 模式下，接收机通过将多个信道的数据编码成数字信号并串行输出，以便于信号的传输和处理。这个数字信号可以被解码器解码，还原出原始数据，进而控制相应的设备。

接收机两种模式的优缺点和适用场景见表 4-5-2。

表 4-5-2　接收机模式的优缺点及适用场景

接收机模式	PPM 模式	SBUS 模式
优点	PPM 信号带宽较窄，信号传输时所需的带宽较小，能够在控制范围内保持较好的信号质量。 　相比 SBUS 模式，PPM 模式的连接和设置较为简单，可以适用于大多数遥控器和接收机。一般情况下，PPM 模式的信号具有较低的延迟和较高的响应速度，能够更精确地控制无人机的飞行动作	SBUS 模式具有较高的信噪比和容错能力，在传输过程中可以及时校验并纠错。SBUS 模式传输速度快，一个信号包含多个数据通道，可以同时控制多个设备
缺点	PPM 模式没有误码检测和纠错的功能，不够稳定和可靠，容易受到电磁干扰。PPM 模式在输出信号上有一定的限制，每个 PPM 信号包含的最大通道数较少	SBUS 模式的连接和设置相对复杂，需要特定的接收器或者解码器才能解码数据。SBUS 模式的传输速度较快，但响应速度相对较慢，并且由于数据编码较为复杂，输入输出有一定的延迟
适用场景	① 对无人机控制具有高响应速度的要求； ② 简单的应用场景，无需对接多个传感器或设备	① 需要连接多个传感器或设备进行飞行控制； ② 需要高精度和稳定性的无人机应用场景

2) 接收机调试

本任务以装调固定翼无人机为例，学习接收机调试。给接收机供电，使用镊子按压接收机侧面按钮，观察接收机指示灯颜色，紫色为 SBUS 模式，红色为 PPM 模式，本案例使用 SBUS 模式。

3. 模型选择和机型选择

1) 新建模型

新建模型操作步骤如下：

(1) 长按遥控器"Mode"键。

(2) 进入"模型选择"界面，如图 4-5-2 所示。

(3) 选择模型编号。

(4) 更改模型名称。

(5) 返回基础菜单。

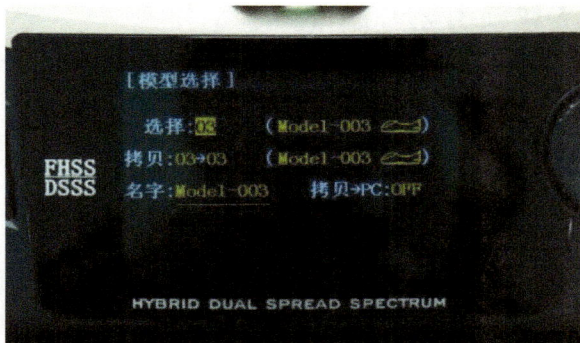

图 4-5-2　遥控器新建模型

2) 机型选择

选择机型操作步骤如下：

(1) 进入"机型选择"界面，如图 4-5-3 所示。

(2) 选择"机型"为"固定翼模型"，返回基础菜单。

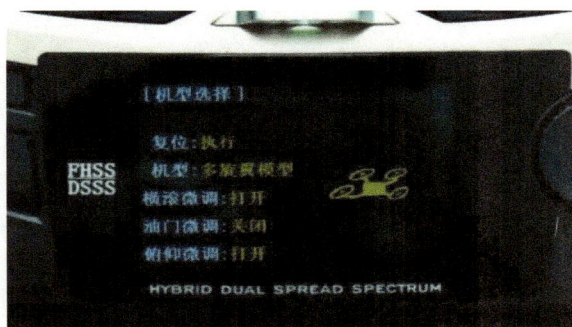

图 4-5-3　遥控器机型设置

4. 遥控器对频

遥控器对频操作步骤如下：

(1) 给接收机通电，长按接收机对频按键使对频灯闪烁，如图 4-5-4 所示。

(2) 等待几秒钟，若接收机蓝灯常亮，且遥控器显示器有信号显示，则对频成功。

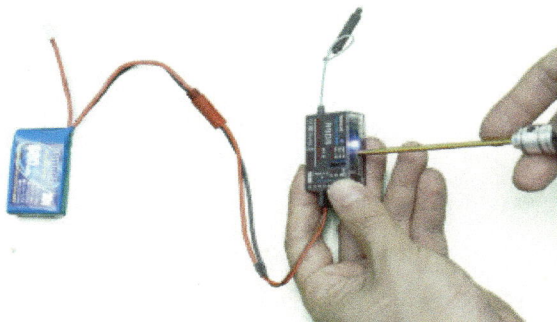

图 4-5-4　接收机与遥控器对频

二、固定翼无人机动力系统调试

1. 电调校准

电调校准操作步骤如下：

(1) 拆下螺旋桨。

(2) 将接收机调至 PWM 信号。

(3) 将电调信号线连接在接收机的第三通道。

(4) 连接电调延长线。

(5) 将遥控器开机，油门推到最高位并保持。

(6) 电调通电，听到电调"嘀嘀"响声后，将油门拉到最低位。

(7) 听到电调"嘀嘀嘀，嘀——"三短一长响声后，完成电调油门行程校准。

(8) 将接收机调回 SBUS 模式，断电，再将接收机和飞控的线接回。

2. 电机测试

电机测试操作步骤如下：

(1) 遥控器开机，接通动力电池。

(2) 解锁，轻推油门，观察电机转向。面向电机观察，电机应为顺时针旋转。若电机为逆时针旋转，则断电，将电机和电调三根连接线中任意两根进行对调。

(3) 再次测试电机转向，确认无误后，完成电机转向调整，如图 4-5-5 所示。

(4) 将螺旋桨带有字体标识的一面朝向机头方向安装在电机轴上。

图 4-5-5　电机转向确认

注意：

(1) 检查电机转向时，一定要确保螺旋桨未安装在电机上，禁止螺旋桨安装于电机上时进行测试操作，否则有可能发生意外事故。

(2) 在保证正确安装螺旋桨的前提下，电机应带动螺旋桨前缘向前旋转运动。

三、固定翼无人机飞控系统调试

进行飞控系统调试，首先需要安装地面站软件。在电脑端的浏览器中，进入 MP 地面站官网 (https://ardupilot.org/planner) 下载软件，如图 4-5-6 所示。

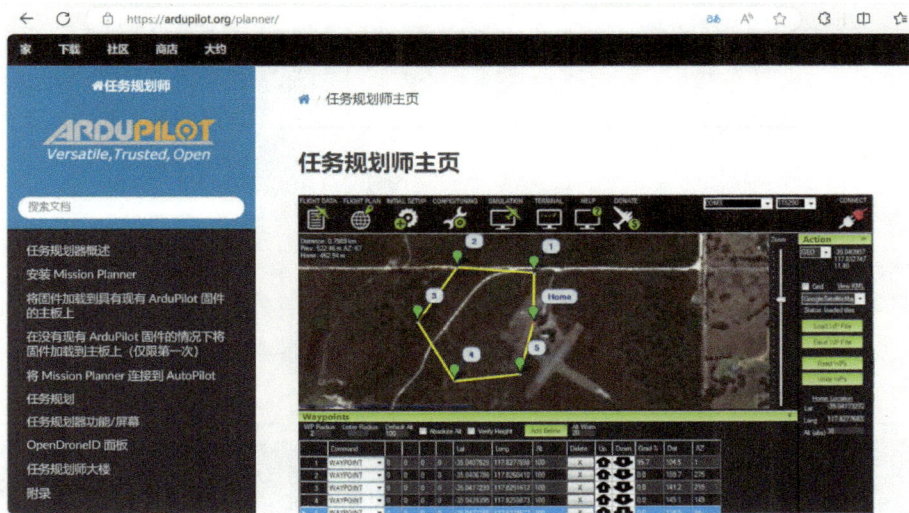

图 4-5-6　MP 地面站官网

打开下载好的安装包，按照安装步骤勾选"默认"选框，然后点击"下一步"按钮，直到安装成功，如图 4-5-7 所示，生成桌面快捷方式，双击桌面快捷图标即可打开地面站软件。

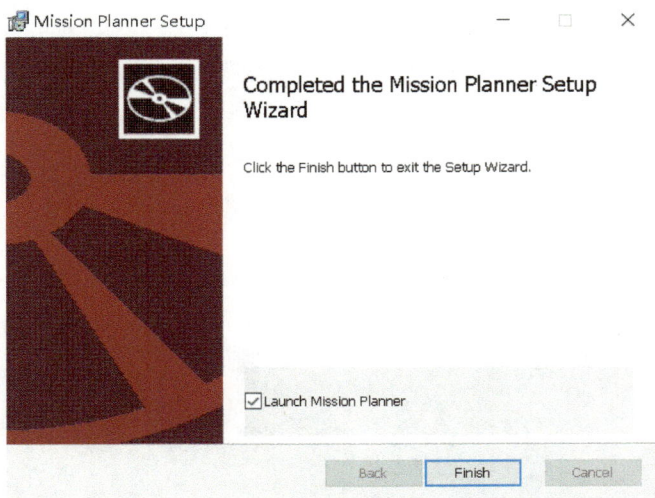

图 4-5-7　地面站软件安装成功界面

1. 刷写固件

使用 Type-A 数据线连接飞控和电脑，如图 4-5-8 所示。

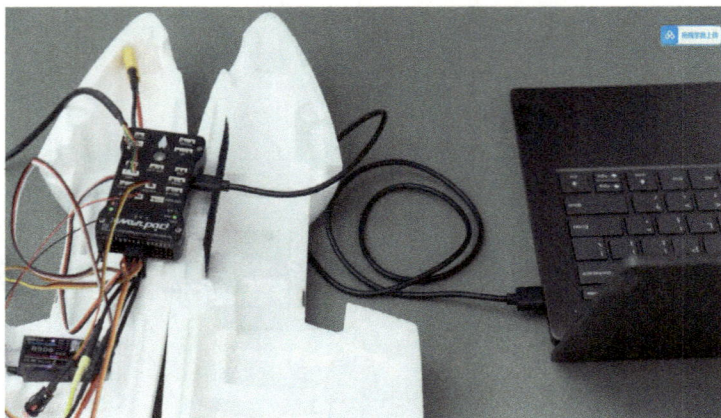

图 4-5-8　连接飞控和电脑

1) 查看固件类型和版本

如图 4-5-9 所示，选择端口，选择波特率，点击"连接"按钮。飞控与电脑连接成功后，找到飞控综合仪表盘，点击下方的"消息"按钮，即可查看地面站固件版本。

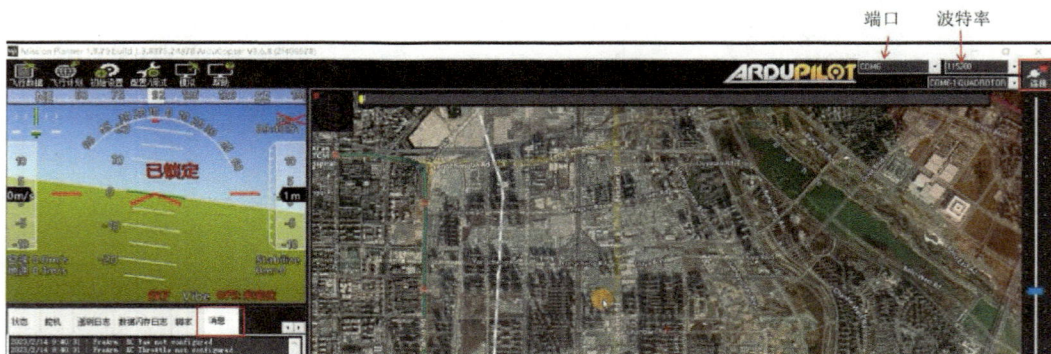

图 4-5-9　查看固件类型和版本

若固件不是固定翼版本或不是最新版本，则需要升级。

2) 固件升级

固件升级操作步骤如下：

(1) 如图 4-5-10 所示，点击"断开连接"。

图 4-5-10　点击"断开连接"

(2) 如图 4-5-11 所示，点击"初始设置"。

图 4-5-11 点击"初始设置"

(3) 如图 4-5-12 所示，点击"安装固件 Legacy"。

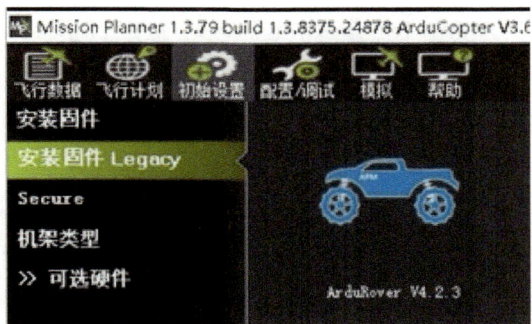

图 4-5-12 点击"安装固件 Legacy"

(4) 选择固定翼机型，如图 4-5-13 所示，点击"Plane V4.5.4 OFFICIAL"，然后点击"Yes"按钮，确认升级。

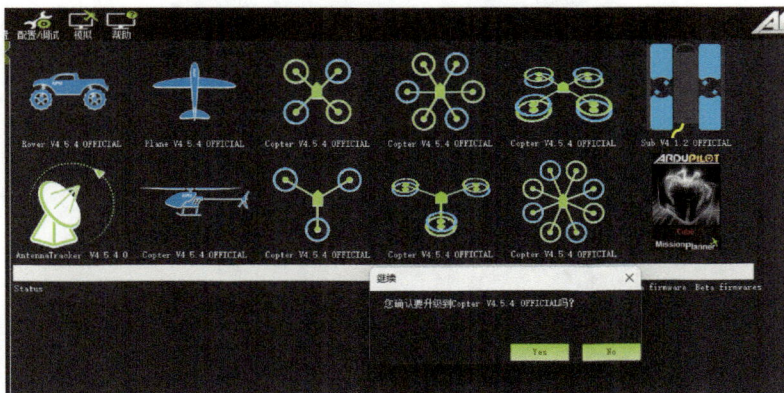

图 4-5-13 点击"Plane V4.5.4 OFFICIAL"，点击"Yes"确认

注意：飞控刷入相同固件会导致固件刷写失败。

(5) 在弹窗"您确认升级到固件版本吗"中点击"Yes"。

(6) 在弹窗"Is this a linux board"中点击"No"。

(7) 在弹窗"Is this a APM2+"中点击"No"。

（8）在弹窗"Is this a PIX/PIXHAWK"中点击"Yes"。

（9）在弹窗"Is this a PIXHAWK"中点击"Yes"。

（10）在弹窗"Is this a CubeBlack"中点击"No"。

（11）在弹窗"Uplod ChibiOS"中点击"No"。

（12）等待升级进度条读取完成。

(13) 升级进度条下方显示"updone"，飞控发出"嘀嘀嘀""嘀嘀嘀"声响过后表示固件升级完成。

(14) 重新连接飞控，检查确认更新的版本号。

2. 加速度计校准

加速度计校准操作步骤如下：

(1) 如图 4-5-11 所示，点击"初始设置"。

(2) 如图 4-5-14 所示，点击"必要硬件"。

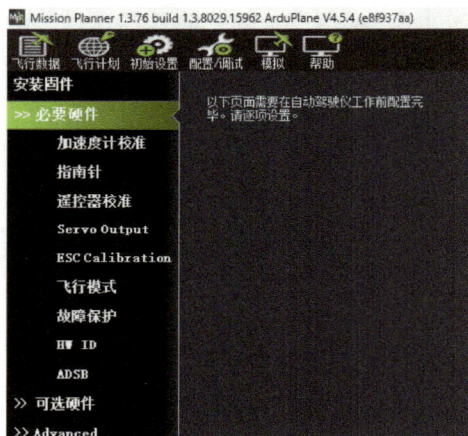

图 4-5-14　点击"必要硬件"

(3) 如图 4-5-15 所示，点击"加速度计校准"。

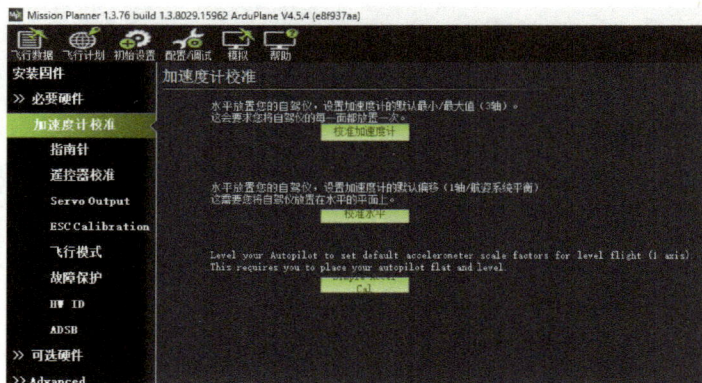

图 4-5-15　点击"加速度计校准"

(4) 按照提示校准飞控的 6 个面 (校准时飞控外壳箭头指向一致)，分别为将飞控水平放置，左侧朝上，右侧朝上，机头朝下，机头朝上，正面朝下。

(5) 校准成功。

(6) 校准水平：将飞控水平放置，点击"校准水平"，如图 4-5-15 所示。

(7) 判断加速度计是否校准成功：将飞控朝着箭头向前的方向水平放置后，地面站综合仪表盘显示水平状态；若飞控向右倾斜，则地面站综合仪表盘显示向右滚转。飞控状态与地面站综合仪表盘方向反馈一致，则表示加速度计校准成功。

3. 指南针校准

指南针校准操作步骤如下：

(1) 如图 4-5-11 所示，点击"初始设置"。

(2) 如图 4-5-14 所示，点击"必要硬件"。

(3) 如图 4-5-16 所示，点击"指南针"。

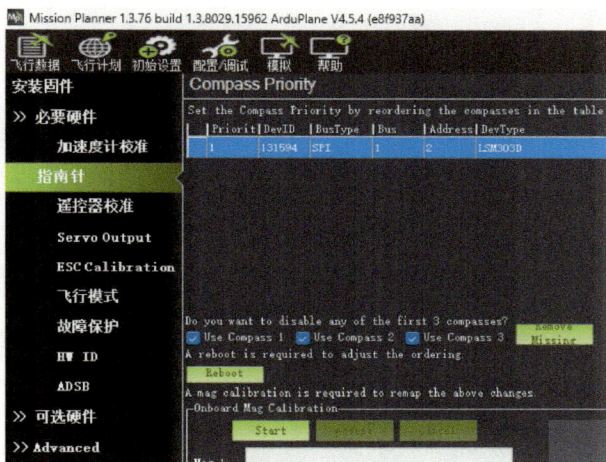

图 4-5-16　点击"指南针"

(4) Compass 1 是 GPS 外置罗盘，勾选"Use Compass 1"，如图 4-5-17 所示。

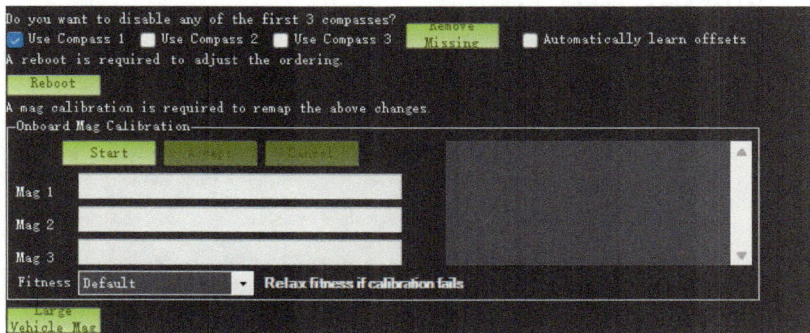

图 4-5-17　勾选"Use Compass 1"

(5) Compass 2 是飞控内置罗盘，取消勾选"Use Compass 2""Use Compass 3"，表示只使用外置罗盘，不使用内置罗盘，这样使得外置罗盘不易受到干扰。

(6) 如图 4-5-18 所示，点击"Start"按钮，会出现进度条，Mag1 是 GPS 模块的外置罗盘。

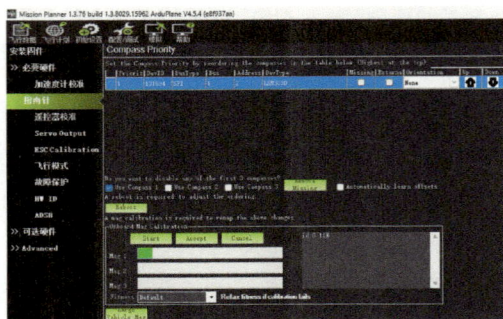

图 4-5-18　点击"Start"按钮

(7) 校准指南针 (飞控与 GPS 模块重叠在一起且方向一致，分别绕飞控的滚转轴、俯仰轴、航向轴转动飞控，直到进度条走完)，如图 4-5-19(a) 所示。

(8) 重新上电。

(9) 检查综合仪表盘显示的飞行数据，如图 4-5-19(b) 所示。

（a）地面站软件校准指南针界面　　　　　（b）地面站软件综合仪表界面

图 4-5-19　地面站软件校准指南针界面与综合仪表盘界面

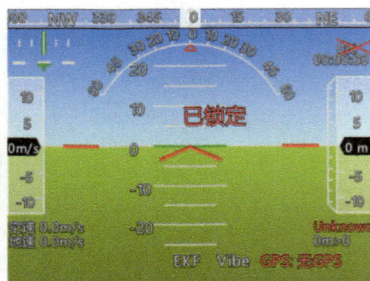

4. 遥控器校准

遥控器校准操作步骤如下：

(1) 如图 4-5-11 所示，点击"初始设置"。

(2) 如图 4-5-14 所示，点击"必要硬件"。

(3) 如图 4-5-20 所示，点击"遥控器校准"。

图 4-5-20　点击"遥控器校准"

（4）检查遥控器舵向和飞控反馈是否一致：向上推升降舵摇杆，地面站升降舵读条向下为正常；向上推油门摇杆，地面站油门读条向上为正常；向左推副翼摇杆，地面站副翼读条向左；向左推方向舵摇杆，地面站方向读条向左；若不对应，则需勾选"反转"，如图4-5-21所示；8通道低位对应地面站读条的左侧，高位对应右侧。

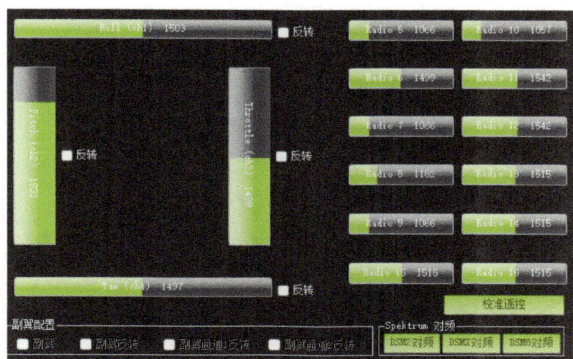

图 4-5-21　若不对应，则需勾选"反转"

（5）如图 4-5-22 所示，点击"校准遥控"，将设置的摇杆和通道都打到行程极限。

图 4-5-22　将设置的摇杆和通道都打到行程极限

（6）点击"完成校准"按钮。

（7）油门通道保持低位。

（8）如图 4-5-23 所示，点击"OK"，完成校准。

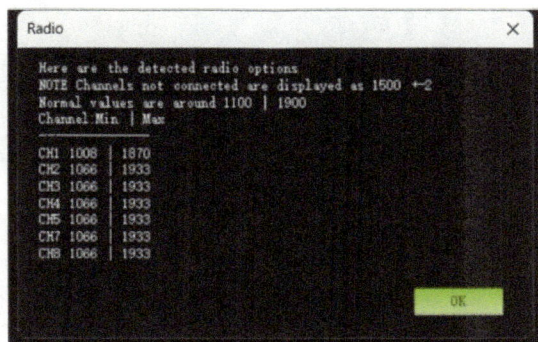

图 4-5-23　地面站软件遥控器校准完成界面

5.飞行模式

飞行模式设置方法如下：

(1) 如图 4-5-11 所示，点击"初始设置"。

(2) 如图 4-5-14 所示，点击"必要硬件"。

(3) 如图 4-5-24 所示，点击"飞行模式"。

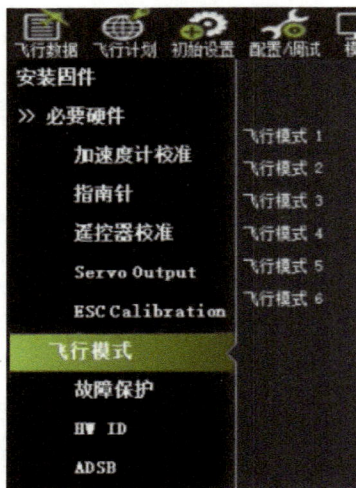

图 4-5-24　点击"飞行模式"

(4) 切换遥控器飞行模式开关：切换遥控器 5 通道开关到低位，地面站高亮栏选择
"Althold"（定高模式）；切换遥控器 5 通道开关到中位，地面站高亮栏选择"Althold"（定
高模式）；切换遥控器 5 通道开关到高位，地面站高亮栏选择"Loiter"（留待模式）。

(5) 保存模式，如图 4-5-25 所示。

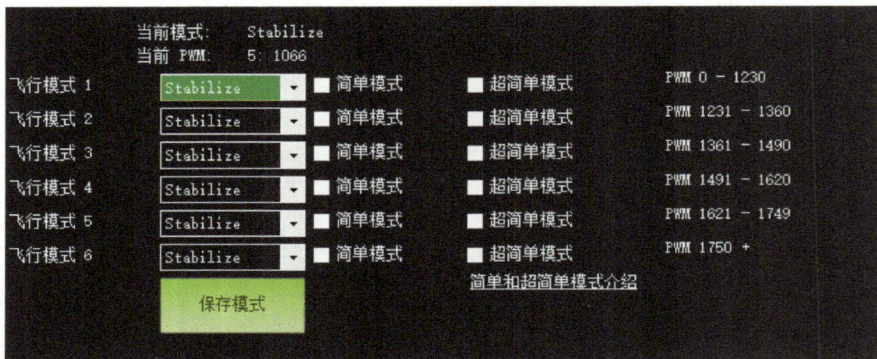

图 4-5-25　地面站软件飞行模式选择界面

6.失控保护

失控保护设置方法如下：

(1) 如图 4-5-11 所示，点击"初始配置"。

(2) 如图 4-5-14 所示，点击"必要硬件"。

(3) 如图 4-5-26 所示，点击"故障保护"。

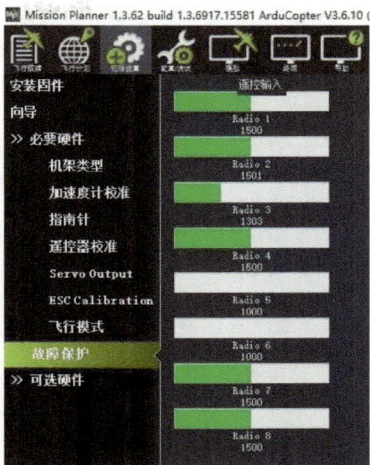

图 4-5-26　点击"故障保护"

(4) 如图 4-5-27 所示，选择"Enabled always RTL"（启用 RTL）。

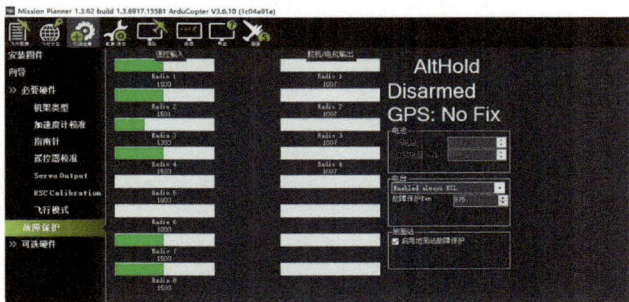

图 4-5-27　选择"Enabled always RTL"

(5) 设置遥控器：先将 3 通道微调和油门摇杆置于最低位；进入失控保护 3 通道，将黄色光标移至 F/S，如图 4-5-28 所示，长按"push 键"，记录此时油门位置；然后退回主界面，将 3 通道微调归零。

图 4-5-28　黄色光标移至"F/S"

（6）设置故障保护：打开遥控器，油门最低时记录界面显示的脉宽值，然后将遥控器关闭，记录界面显示的脉宽值，将故障保护 PWM 设置为 975。

（7）测试失控保护：先使用遥控器解锁飞控，然后轻推油门，之后关闭遥控器，在地面站软件界面上查看故障保护功能是否触发，如图 4-5-29 所示。

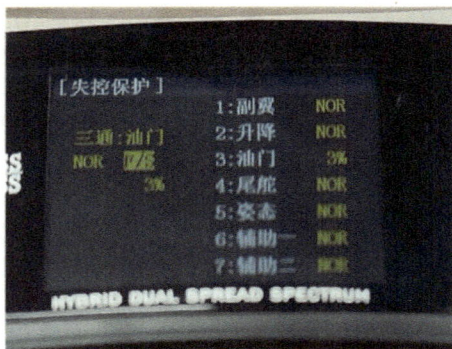

(a) 遥控器失控保护设置界面　　　　　(b) 地面站软件测试失控保护界面

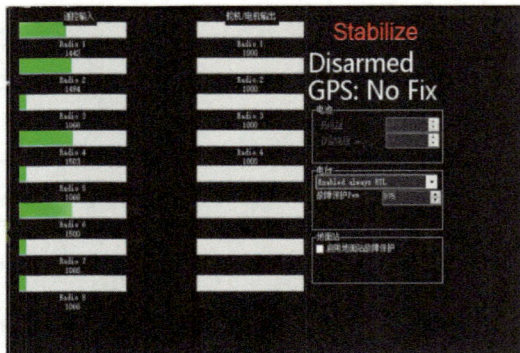

图 4-5-29　地面站软件失控保护设置界面与测试失控保护界面

练习题

根据本任务所学操作步骤和方法，分别完成固定翼无人机遥控系统、动力系统和飞控系统的调试。

练习题库：固定翼
无人机系统调试

实训任务单：固定翼
无人机系统调试

任务六　固定翼无人机飞行测试

本任务主要学习固定翼无人机飞行测试的相关内容，旨在使学生了解固定翼无人机飞行前测试注意事项，并在此基础上按要求完成固定翼无人机无桨调试和有桨调试，为安全执行飞行任务做好准备。

一、固定翼无人机飞行测试准备

1. 固定翼飞行前测试注意事项

在完成固定翼无人机室内调试后，需要进行试飞测试，以保证实际飞行性能良好，按照以下内容对固定翼无人机进行飞行前测试检查确认。

1) 飞行环境检查

飞行环境检查主要包括飞行高度与航程规划、航线勘测与信息采集以及起降场地检查。

(1) 高度与航程规划。

根据固定翼无人机性能与任务环境的不同，设计的飞行高度应高于航路上的最高点；设计的航线总航程应小于无人机能达到的最远航程的三分之一。

(2) 航线勘测与信息采集。

在执行无人机飞行任务前，工作人员应当按照电子地图或其他资料对航线途经区域进行信息核对。如果条件具备，那么建议对航线途经区域进行实地踏勘，采集地形地貌、地表植被以及周边的机场、重要设施、城镇布局、道路交通、人口密度等信息，为起降场地的选取、航线规划、应急预案制定等提供资料。

(3) 起降场地的选取。

固定翼无人机对起降场地的要求比多旋翼无人机高，具体如表 4-6-1 所示。

表 4-6-1　固定翼无人机起降场地要求

序号	区域位置	具　体　要　求
1	场地条件	平坦、通视良好
2	周边情况	远离人口密集区、高压线、高大建筑物等
3	地面情况	地面无明显凸起的岩石块、土坎、树桩，无水塘、大沟渠等
4	电磁环境	附近无正在使用的雷达站、微波中继、无线通信设备等干扰源

2) 机务检查

为保证固定翼无人机的飞行安全，在无人机起飞前必须对其飞行平台、动力系统、机械系统及电子系统进行仔细检查，并对检查中发现的问题进行记录和整改。具体的检查项目及内容如表 4-6-2 所示。

表 4-6-2　固定翼无人机机务检查项目及内容

检查项目	检查内容
机体外观	机身、机翼、副翼、尾翼等关键部件无损伤
连接机构	机翼、尾翼与机身连接件的强度、限位应正常，连接结构部分无损伤，重心位置正确
执行机构	舵机、连杆、舵角、固定螺丝等无损伤、松动和变形
螺旋桨	螺旋桨无损伤，紧固螺栓必须拧紧，整流罩安装牢固
发动机	零件齐全，与机身连接牢固，并注明最近一次的维护时间
电池	机载电池装入无人机之前，应记录电池的编码、电量，确认电池已充满，电池状态正常，无鼓包等现象，电池与机身之间连接固定，电源接插件连接牢固
机体线路	线路完好、无老化，各接插件连接牢固，线路布设整齐、无缠绕
机载天线	接收机、GPS、飞控等机载设备的天线安装稳固，接插件连接牢固
空速管	安装牢固，胶管无破损及老化，连接处密闭
飞控及飞控仓	各接插件连接牢固，线路布设整齐、无缠绕，减振机构完好，飞控与机身无硬性接触
起落架	外形完好，与机身连接牢固，机轮旋转正常

3) 地面站检查

地面站检查的项目及内容如表 4-6-3 所示。

表 4-6-3　地面站检查的项目及内容

检查项目	检查内容
线缆与接口	线缆无破损，接插件无水、霜、尘、锈，针孔无变形、短路
监控站主机	放置稳固，接插件连接牢固
监控站天线	数据传输天线完好，架设稳固，接插件连接牢固
监控站电源	正负极连接正确，并记录电压数值

2. 无桨调试

1) 动力测试

动力测试操作步骤如下。

步骤 1：通电，检查飞控是否异常报错。

步骤 2：解锁飞控，保持油门低位。

步骤 3：轻推油门并用手触碰电机，确定电机转向是否正确，如转向错误，则检查电机连线并调整。

步骤 4：上锁。

2) 进行舵面调试

舵面调试操作步骤如下。

步骤 1：无人机通电。

步骤 2：检查舵面操控指令逻辑。

(1) 用遥控器操纵左副翼摇杆，固定翼无人机左副翼舵面应向上，右副翼舵面应向下，否则在遥控器中设置"舵机相位"，将 1 通道设置为"反相"。

(2) 用遥控器向下操纵升降舵摇杆，固定翼无人机升降舵舵面应向上偏转，否则需要将 2 通道设置为"反相"。

(3) 用遥控器向右操纵方向舵摇杆，固定翼无人机升方向舵舵面应向右偏转，否则需要将 4 通道设置为"反相"。

步骤 3：遥控器摇杆回到中立设置，观察舵面与机翼是否对齐在同一平面内，若不在同一平面内，则使用遥控器中立微调功能，调整对应舵机通道舵面的中立位置；若舵面中立位置偏差过大，则使用金属调节器调整。

步骤 4：操控对应舵机的遥控器摇杆到极限位置，观察舵面偏转量，若偏转量过大或过小，则需要使用遥控器设置"舵机行程量"，将对应通道的舵机行程量增大或减小。

3. 有桨调试

完成固定翼无人机室内调试后，需要进行试飞调试，以保证实际飞行性能良好。首先按照以下内容对固定翼无人机进行检查确认，然后进行飞行测试。

(1) 机体检查：检查无人机机体、电子设备等是否完好且安装合理。

(2) 电量检查：测量无人机电池和遥控器电量是否满足本次飞行要求。

(3) 电机转向检查：确认电机和螺旋桨转向正确，测试电机转动时螺旋桨是否向后吹风。

(4) 操控舵面检查：确认所有舵面控制符合要求。

注意：通电状态下稳固飞行器，并禁止触摸螺旋桨。

二、固定翼无人机飞行测试

1. 直线飞行

手动模式下测试固定翼无人机时，杆位不动，在风向及无人机自身条件的作用下，无人机会一直飘动，需要细微调整航线，使无人机维持直线飞行。通过点碰副翼摇杆，将无人机姿态调整到位后就可放松摇杆，使其回到中立位置，避免摇杆的位置过偏。轻碰副翼摇杆后回中，无人机将产生轻微倾斜，进行航线偏转，坡度要小，不要超过 15°，这样，无人机在倾斜后不容易掉高。点碰一两次副翼摇杆，机翼就可回到水平状态，进行直线飞行。

固定翼无人机飞行测试——直线飞行

2. 定高平飞

固定翼无人机定高平飞时需保持油门在 45% ～ 50% 的位置。平飞时需注意无人机与参照物的关系，判断无人机是处于爬升、下降、左偏或右偏状态，及时发现并不断修正偏

差。主要操作方法如下：

观察固定翼无人机机头与平行线的角度即俯仰角，如机头抬起，则无人机进入爬升状态，需要柔和地向前推升降舵摇杆；反之，如机头低下，则无人机进入下降状态，需要柔和地向后拉升降杆，保持无人机位置。

观察固定翼无人机姿态有无左右坡度，如果有坡度，则表示无人机处于左偏或右偏的状态，需要向无人机倾斜的反方向压副翼摇杆修正。可以通过观察空中固定翼无人机的机翼及机身来观察无人机姿态有无坡度，如无人机姿态无坡度，则一般只能看到机身一侧及一个机翼，看不见机翼上方，如果看到了机翼上方就说明无人机有倾斜坡度。

固定翼无人机飞行测试——定高平飞

3. 平飞、爬升、下降飞行状态的变换

1) 平飞转爬升

固定翼无人机平飞转爬升操作如下：

柔和地将油门推至 100%，同时稍拉升降舵摇杆，当机头进入预定状态时，保持，使无人机稳定爬升。

2) 爬升转平飞

固定翼无人机爬升转平飞操作如下：

柔和松开升降舵摇杆，收油门至 45%。当机头水平时，保持，无人机进入平飞状态。如果需要在预定高度平飞，则需要有一定的提前量，在无人机上升至距预定高度 20 m 处开始改平飞。

固定翼无人机飞行测试——平飞、爬升、下降飞行状态的变换

3) 平飞转下降

固定翼无人机平飞转下降操作如下：

收油门至 25%，同时向上推升降舵摇杆，当机头进入预定状态时，保持，使无人机稳定下降。

4) 下降转平飞

固定翼无人机下降转平飞操作如下：

加油门至 45%，同时向下拉升降舵摇杆，在机头水平时，保持，无人机进入平飞状态。如果需要在预定高度转平飞，应在下降至距该高度 30 m 时开始平飞。

4. 转弯动作

固定翼无人机 180° 水平转弯操纵步骤如下：

控制副翼摇杆，使无人机向转弯方向横滚倾斜。转弯时需同时小幅度向下拉升降舵摇杆，防止掉高；转弯结束时，升降舵摇杆回中，防止爬高；反方向操纵副翼摇杆，使无人机恢复水平状态；在恢复水平状态的同时，副翼摇杆迅速回中。

固定翼无人机飞行测试——转弯动作

副翼舵面偏转程度决定了转弯角度，也决定了升降舵摇杆的拉升幅度。偏转角越大，就需将升降舵摇杆拉得越多。当偏转角过大时，升降舵就会失去效用，无人机所以偏转角需控制在 60° 内，方便操

控。

转弯结束时，使用与压副翼时幅度相同、方向相反的方式操纵副翼杆。要预先确定好操纵幅度，依据参照物调整副翼杆的位置。

练习题

根据本任务所学操作步骤和方法，进行固定翼无人机飞行前测试准备，并完成固定翼无人机飞行测试。

练习题库：固定翼无人机飞行测试

实训任务单：固定翼无人机飞行测试

学习评价

本任务完成后，请从知识目标、技能目标和素养目标等维度，对任务实施过程、任务结果和工作态度等按照"优""良""中""差"进行评价。若始终能够超越学习目标要求，则为"优"；若始终能够维持或偶尔超出学习目标要求，则为"良"；若始终基本达到学习目标要求，则为"中"；若始终低于学习目标要求，则为"差"。

表 4　固定翼无人机组装与调试评价表

项目名称	固定翼无人机组装与调试		
班　级		姓名	
完成方式	小组合作完成		
评价项目	评 价 标 准	教师评分	自我评分
知识目标	是否了解固定翼无人机各组件作用		
	是否熟悉固定翼无人机的气动特点		
	是否掌握固定翼无人机的飞行原理		
	是否掌握固定翼无人机机体组装的操作步骤		
	是否熟悉固定翼无人机动力系统的组成、动力系统的选型要求及动力系统电机、螺旋桨的安装要求		
	是否熟悉固定翼无人机飞控系统的工作原理、组成及飞控系统安装的注意事项		
	是否掌握固定翼无人机系统调试的要点、方法与操作步骤		
	是否了解固定翼无人机飞行前测试的注意事项		

续表

评价项目	评 价 标 准		教师评分	自我评分
技能目标	是否能够完成固定翼无人机机体组装			
	是否掌握固定翼无人机动力系统组装的操作步骤及注意事项			
	是否能够完成固定翼无人机动力系统的组装			
	是否掌握固定翼无人机飞控系统安装的操作步骤			
	是否能够完成固定翼无人机飞控系统的安装			
	是否能够完成固定翼无人机遥控系统的调试、固定翼无人机动力系统的调试以及固定翼无人机飞控系统的调试			
	是否能够根据要求完成固定翼无人机无桨调试和有桨调试，完成固定翼无人机的飞行测试			
素养目标	工作态度	态度端正，无无故缺勤、迟到、早退的现象		
	工作规范	能正确理解并按照项目要求开展任务		
	协调能力	与同学之间能够合作交流、互相帮助、协调工作		
	职业素质	实施任务中认真、细致、严谨地对待每个工作细节		
	创新意识	对规范或要求深入理解，不拘泥于给定的思路，进行创新操作		
综合评价				
存在的主要问题				

项目测试

1. 固定翼无人机的基本结构包括哪些？
2. 固定翼无人机的起落架有什么作用？
3. 电动固定翼无人机的动力系统主要由哪几个部分组成？
4. 固定翼无人机舵机与舵面的连接方式有哪几种？
5. 固定翼无人机的接收机有什么功能？

项目五　无人直升机组装与调试

○ **学习目标**

▶▶ 知 识 目 标

1. 熟知无人直升机的定义及优势，了解无人直升机的应用。
2. 了解无人直升机的基本结构。
3. 熟悉无人直升机自动倾斜器的工作原理。
4. 掌握无人直升机机体的组装方法和操作步骤。
5. 掌握无人直升机的调试内容及操作步骤。
6. 掌握无人直升机的飞行测试内容和操作步骤。

▶▶ 技 能 目 标

1. 能根据实物及照片分辨出常见无人直升机的硬件。
2. 能根据要求完成无人直升机机体的组装及伺服系统、动力系统组装和飞控系统的安装。
3. 能够完成无人直升机的机械调试、遥控系统调试和飞控系统（陀螺仪）调试。
4. 能够完成无人直升机的飞行测试，并根据油门与螺距配合情况及时作出调整。

▶▶ 素 养 目 标

1. 培养自主学习的能力。
2. 培养吃苦耐劳的敬业精神。
3. 培养分析问题、解决问题的能力。
4. 培养将理论知识与实训操作紧密融合在一起的能力。

任务一　无人直升机基础知识

本任务主要学习无人直升机的定义、基本结构、动力系统和操纵系统的作用及功能、自动倾斜器的结构及工作原理等内容，有助于学生在进行无人直升机的组装与调试工作前，对无人直升机有一个整体的认识。

无人直升机
基础知识

一、学习无人直升机基本定义

无人直升机是指其飞行由地面无线电遥控或自主控制的可垂直起降的不载人飞行器，它在构造形式上属于旋翼飞行器，在功能上属于垂直起降飞行器。

最典型的无人直升机布局是"单旋翼＋尾桨"式，如图 5-1-1 所示。这种布局形式是无人直升机的主流形式，在这种配置布局方式中，主旋翼主要负责提供升力，尾桨则通过旋转产生一个垂直于垂尾平面的力，这个力将会产生一个抵消主旋翼反转扭矩的力矩，从而实现平衡。"单旋翼＋尾桨"式无人直升机构造简单，操纵灵便，多数起飞质量较大的无人直升机均采用此种布局。

图 5-1-1　"单旋翼＋尾桨"式无人直升机

无人直升机的优点是可垂直起降、可悬停，具有良好的低空低速特性等。在军事方面，无人直升机可以实行对地攻击、反潜攻舰、机降运输、战勤侦察等。在民用方面，无人直升机可以用于通用运输、公安巡查、抢险救生、特种作业等。

二、无人直升机基本结构认知

无人直升机通过其旋翼提供的升力和推进力实现飞行。本任务主要学习"单旋翼＋尾桨"式无人直升机的结构，其主要由主旋翼、机身、尾桨、起落架、动力系统、操纵系统等组成，如图 5-1-2 所示。

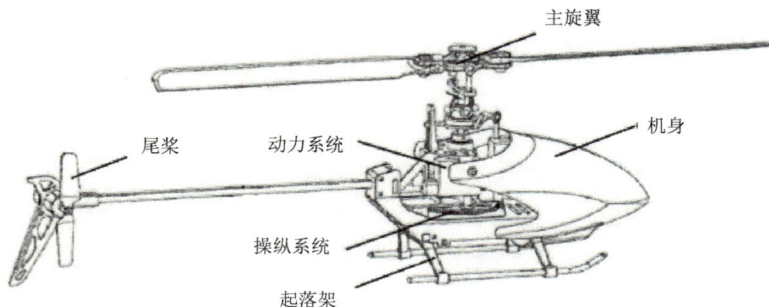

图 5-1-2　无人直升机的基本结构

1. 主旋翼

主旋翼系统是无人直升机最重要的操纵面，它通过使用操纵系统控制旋翼拉力的大小和方向，来实现对无人直升机的主要飞行操纵。无人直升机可以有一个或两个旋翼，通常采用双旋翼系统。

1) 主旋翼系统的结构

无人直升机的主旋翼系统由桨叶和桨毂组成。

(1) 桨叶。

无人直升机桨叶一般有 2 ～ 8 片，按材料构成不同，可分为混合式桨叶、金属桨叶和复合材料桨叶。金属桨叶比混合式桨叶气动效率高、刚度好，加工简单。但近年来复合材料桨叶因其生产工艺的不断提高（玻纤维桨叶和碳纤维桨叶）而得到了广泛应用。目前大部分无人直升机使用两片叶桨。

(2) 桨毂。

无人直升机桨毂是各个桨叶安装结合的部位，旋翼轴通过它与桨叶相连。

2) 旋翼的结构形式

桨叶与桨毂的连接方式叫作旋翼的结构形式，它随着材料、工艺和旋翼理论的发展而发展。按照桨叶与桨毂连接方式的不同，无人直升机主旋翼系统的结构形式可以分为全铰接旋翼系统、半刚体旋翼系统、刚体旋翼系统和无轴承旋翼系统四种。

(1) 全铰接旋翼系统。

通常全铰接旋翼系统包含 3 片或者更多片旋翼桨叶。旋翼桨叶可以独立地做挥舞、周期变距、摆振三种运动，如图 5-1-3 所示。典型的铰接式桨毂铰的布置顺序（从里向外）是从挥舞铰、摆振铰到变距铰。20 世纪 40 年代中期，全铰接旋翼系统得到了广泛应用。

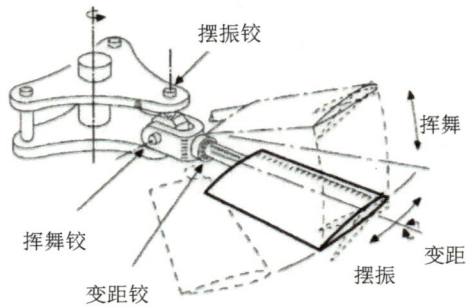

图 5-1-3　全铰接旋翼系统

(2) 半刚体旋翼系统。

半刚体旋翼系统如图 5-1-4 所示。这种旋翼系统的结构形式和全铰接式相比，其优点是桨毂构造简单，去掉了摆振铰和减摆器，由两片桨叶传递拉力及旋翼力矩，万向接头架负荷比较小，没有地面共振问题。但是这种旋翼的操纵功效和角速度阻尼比较小，稳定性较差。

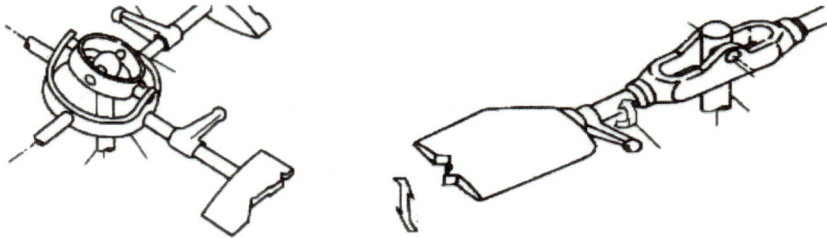

图 5-1-4　半刚体旋翼系统

(3) 刚体旋翼系统。

经过长期理论与试验研究，20 世纪 60 年代末至 70 年代初，刚体（无绞式）旋翼系统进入了实用阶段。在这类系统中，桨叶不可以做挥舞和摆振运动，但是可以变距。

(4) 无轴承旋翼系统。

无轴承旋翼系统就是取消了挥舞绞、摆振铰和变距铰的旋翼系统，桨叶的挥舞、摆振和变距运动都由桨叶根部的柔性元件来完成，如美国 RAH-66 科曼奇直升机（见图 5-1-5）就是采用这种旋翼系统。

图 5-1-5　美国 RAH-66 科曼奇直升机

2. 机身

机身是无人直升机的重要部件，是用来支持和固定无人直升机的其他部件和系统的。它们通过机身连接成一个整体。为了满足无人直升机的技术要求，可在机身装载各种所需设备。

3. 尾桨

大多数无人直升机都是单旋翼直升机，需要配置尾桨来平衡主旋翼的反转力矩。尾桨的全称为抗扭螺旋。旋翼在产生升力时，根据牛顿第三定律（力的作用是相互的），无人直升机的机体会向主旋翼旋转的反方向转动。为了抵消反作用力矩，使机体保持平衡状态，一般会在机尾装一个向侧面吹风的小螺旋桨——尾桨。尾桨除了可以抵消反扭力，还可以通过改变拉力的大小操纵航向。目前，无人直升机的尾桨大多为 2～6 片，因为其直径是主旋翼的 1/6～1/5，所以尾桨的转速远远大于主旋翼。

一般将尾桨安装在无人直升机的尾梁后部或垂尾上。尾桨分为推式尾桨和拉式尾桨，推式尾桨依靠推力可使无人直升机的机体摆正，拉式尾桨依靠拉力可使机体摆正。

低置尾桨有助于减轻无人直升机的结构质量并且还有助于减少传动系统的复杂性，但尾桨处在旋翼尾流之中，容易受到气动干扰，同时尾桨过低会增加触地的风险。高置尾桨有利于提高尾桨效率，但结构复杂，会产生一定的侧倾力矩。

4. 起落架

无人直升机起落架的主要作用是吸收着陆接地能量，减少无人机着陆时机体受到的撞击过载，在无人直升机停放于地面时，支撑机体重量。此外，起落架还有保证无人直升机具有地面滑行能力，减小无人直升机滑行时的地面撞击与颠簸以及抗坠毁与防止地面共振的作用。

最常见的无人直升机起落架是滑橇式的，适合无人直升机在不同类型的表面上起降，如图 5-1-6 所示。一些滑橇式起落架安装了减振器，用来减少着陆冲击和振动。也可以给进行水上作业的无人直升机安装浮筒式起落架，或者给要降落在雪地或者柔软地面上的无人直升机安装滑雪板式起落架。

图 5-1-6　滑橇式起落架

5. 动力系统

无人直升机动力系统的作用是将动力源产生的动力传递给主旋翼和尾桨，主旋翼产生的旋转扭矩与尾桨产生的旋转扭矩相互抵消，从而使无人直升机在飞行过程中保持平衡状态。无人直升机的动力系统通常包括动力源（电机发动机）、主减速器、传动轴、中间减速器和尾减速器等，如图 5-1-7 所示。

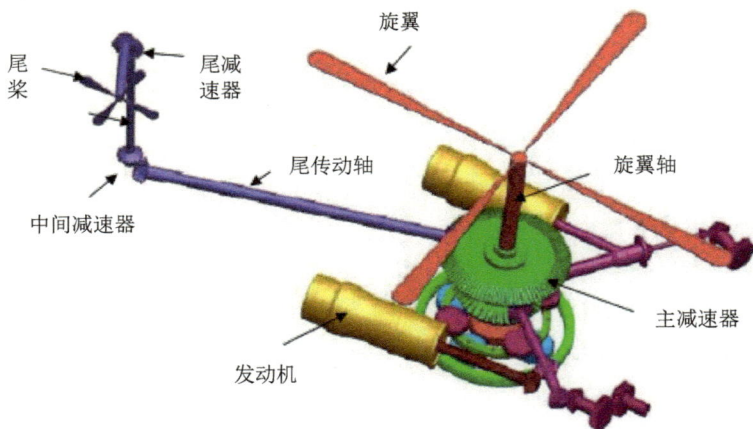

图 5-1-7　动力系统结构

1) 动力源

常见的无人直升机动力源有无刷电机、活塞式发动机和涡轮轴发动机等动力形式。

(1) 无刷电机。

无刷电机是指无电刷和换向器（或集电环）的电机，又称无换向器电机。无刷电机由多极绕组定子、位置传感器、永磁体转子等组成。无刷电机采用了半导体开关器件实现电子的阻转向，具有噪声低、可靠性高、无转向火花等优点，是目前应用最为广泛的动力源形式。

(2) 活塞式发动机。

活塞式发动机是通过燃料在发动机气缸内部燃烧，将燃料的化学能转换为热能，然后又通过热能推动气缸内活塞做功，从而使热能转换为机械能的机器。活塞式发动机可分为点燃式和压燃式两种。

(3) 涡轮轴发动机。

涡轮轴发动机简称涡轴发动机，是利用燃气通过动力涡轮输出功率的一种燃气涡轮发动机，也是无人直升机常采用的喷气式发动机。

2) 主减速器

主减速器是无人直升机中最重要同时也是最大、最复杂的部件。主减速器的输入轴与发动机的输出轴相连，主减速器的输出轴连接主旋翼轴。除主减速器的输入轴、输出轴外，主减速器上的伞状大齿轮与传动轴上的齿轮相连，将动力传递给中间减速器轴。一般无人直升机的主减速器为齿轮传动式主减速器，可以将高转速、小扭矩的发动机功率转换成低转速、大扭矩后再传递给旋翼轴。

3) 传动轴

传动轴根据用途可以分为主轴、中间传动轴和尾传动轴等。动力输入轴连接发动机与主减速器，主减速器通过尾传动轴向尾桨传递功率。传动轴之间通过联轴器或者离合器连接。传动轴的负荷较大，使用条件相对复杂，所以对平衡振动特性及轴的可靠性要求相对较高。

4) 中间减速器

中间减速器的作用是降低尾桨的转速，它被安装在无人直升机的主减速器与尾减速器之间。中间减速器主要由一堆伞齿轮组成，其夹角取决于尾传动轴转折的要求。

5) 尾减速器

尾减速器的作用是将中间减速器输出的高转速、小扭矩转换成低转速、大扭矩传递给尾桨。尾减速器的输入端与尾传动轴(中间传动轴)连接，输出端与尾桨轴连接。

6. 操纵系统

无人直升机的运动包括姿态运动和轨迹运动。姿态运动是指无人机绕机体 X、Y、Z 轴旋转的角运动，轨迹运动是指无人直升机在飞行过程中沿 X、Y、Z 轴的直线运动。操纵无人直升机就是控制直升机的姿态运动和轨迹运动。

1) 操纵系统及其功能

无人直升机操纵系统是一个闭环系统，可以直接自动检测和控制无人直升机的飞行姿态和轨迹。无人机操控员通过直接操纵飞行操纵系统来控制无人直升机的飞行运动，实现对无人直升机姿态和飞行轨迹的控制。

飞行操纵系统通过检测元件检测当前无人直升机的飞行姿态和运动轨迹，然后将数据反馈给飞行控制器，飞行控制器分析判断目标值和当前测量值之间的差异后产生输出信号给执行机构，控制自动倾斜器，从而控制无人直升机飞行姿态和运动轨迹，使无人直升机按照当前预定轨迹运动，如图 5-1-8 所示。

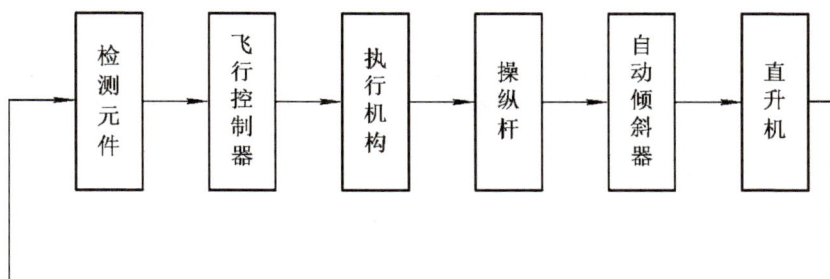

图 5-1-8　飞行操纵系统（自动控制稳定直升机受干扰运动过程）

飞行操纵系统的基本功能包括：① 自动驾驶，如姿态保持、航向保持、高度保持等；② 改善直升机的操纵性、稳定性(飞行品质)；③ 实现航迹控制、自动导航、自动着陆、垂直升降、自动悬停、自动过渡飞行等功能。

2) 自动倾斜器的结构

目前绝大多数微型和轻型无人直升机采用自动倾斜器对旋翼进行控制。自动倾斜器又称斜盘，俗称十字盘，是指改变无人直升机旋翼倾斜方向和桨叶倾角的专用装置。通过自动倾斜器可实现对无人直升机飞行状态的操纵。

自动倾斜器主要由不旋转环(内环)、旋转环(外环)、球形套筒、导筒等组成，如图

5-1-9 所示。球形套筒安装在主旋翼轴上，总距操纵杆安装在球形套筒上，舵机带动总距操纵杆上下移动，从而使球形套筒沿主旋翼轴上下滑动。球形套筒的球面上套有一个不旋转环（内环），和周期变距操纵杆相连，不旋转环在周期变距操纵杆的作用下可沿球形套筒任何一个方向倾斜。旋转环是外环部分，通过滚动轴承与不旋转环（内环）相连，变距操纵杆一端安装在旋转环（外环）上，另一端与桨叶连接，同桨叶一起旋转。

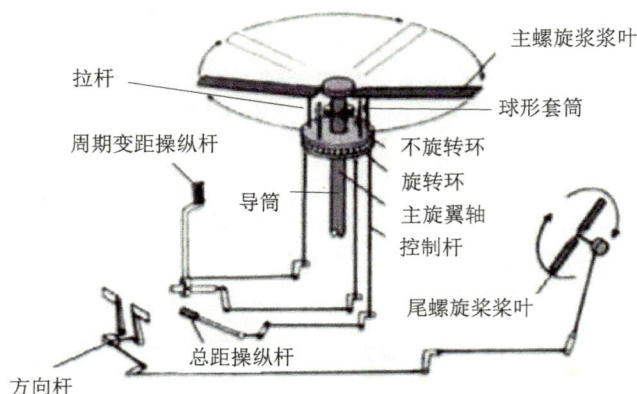

图 5-1-9　自动倾斜器结构

总距操纵杆用于控制无人直升机垂直升降。总距操纵杆上移，使球形套筒带动自动倾斜器向上或者向下运动，同时主旋翼桨叶的桨距变大或者变小（主旋翼桨叶安装角增大或者减小），从而使无人直升机垂直升降。通过变距操纵杆使桨叶角增大，从而增大桨叶迎角，使旋翼拉力增大，无人直升机上升；反之，则使旋翼拉力减小，无人直升机下降。

周期变距操纵杆用于控制无人直升机滚转或俯仰运动。通过操纵自动倾斜器使桨叶的桨距周期性地改变，旋转环通过变距操纵杆与桨叶相连，当自动倾斜器向任意一个方向倾斜时，变距操纵杆周期性地改变桨叶安装角，以实现直升机的周期变距操纵。

练习题

自动倾斜器的作用是什么？

练习题库：
无人直升机基础知识

实训任务单：
无人直升机基础知识

任务二　无人直升机组装

本任务主要学习无人直升机的组装，包括无人直升机机体组装、伺服系统组装、动力系统组装和飞控系统安装，旨在使学生能够按照要求组装无人直升机。

无人直升机组装

一、无人直升机机体组装

无人直升机类型繁多。实际应用中，各种无人直升机的机体组装方法和步骤基本相同。本任务以 450 无人直升机（如图 5-2-1 所示）为例，学习其组装过程。

图 5-2-1　450 无人直升机

1. T 形头组装

T 形头组件又叫作主旋翼固定组件，由两侧主旋翼桨夹、横轴、垫片、两个轴承、推力轴承、螺钉垫片和螺钉组成。

首先要给推力轴承均匀地涂抹上润滑油，然后依次将垫片、轴承、主旋翼桨夹、轴承、推力轴承、垫片、螺钉垫片和螺钉套在横轴上，T 形头组件两侧相同零部件按照顺序套在横轴上，利用两个螺钉旋具将两侧螺钉同时锁紧，如图 5-2-2 所示。

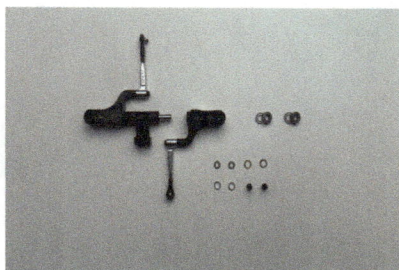

(a) 安装零部件

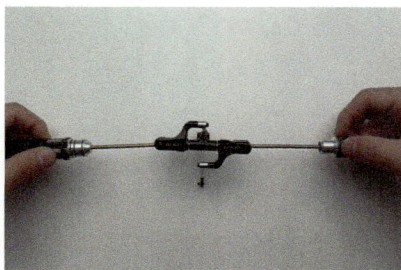

(b) 锁紧

图 5-2-2　T 形头的组装

安装推力轴承时注意正反面。拧紧螺钉时一般要两边同时拧紧，确保两侧转矩大小相同，避免出现甩桨现象。

2. 主轴连接

分清主轴上、下两侧，将向上一侧插入 T 形头内，拧紧螺钉，如图 5-2-3 所示。

3. 十字盘安装

将十字盘套入主轴，如图 5-2-4 所示，用游标卡尺精准测量球头拉杆长度后，将球头拉杆与金属桨夹连接起来。T 形头与十字盘之间的球头拉杆长度需要用游标卡尺测量，注意在两侧同时有螺纹的情况下，需要保留两侧相同的螺纹长度。

图 5-2-3　主轴的连接

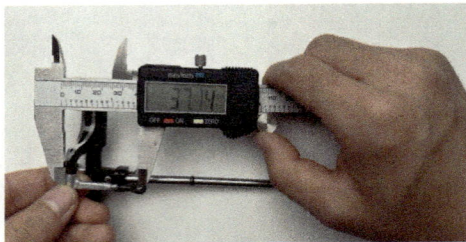

图 5-2-4　用游标卡尺测量

4. 起落架安装

在无人直升机机身两侧侧板中间加装电机座、主轴固定座（含轴承）、脚架固定座、十字盘导板以及固定板，将起落架拼装好，用螺钉固定在脚架固定座上，安装好的无人直升机机身侧板和起落架如图 5-2-5 所示。

5. 尾杆安装

将尾杆嵌入无人直升机机身中，对准尾杆螺纹孔，拧紧螺钉，如图 5-2-6 示。安装尾杆需要使用水平尺，将尾杆水平安装，以避免尾部受力偏移，造成无人直升机飞行摆尾。

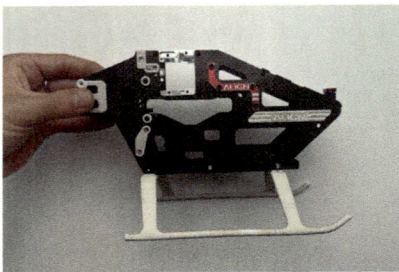

图 5-2-5　安装好的机身侧板和起落架

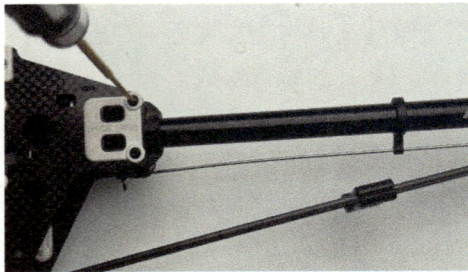

图 5-2-6　尾杆的安装

6. 尾撑安装

将尾撑竖直安装在尾桨的另一侧，对准尾撑螺纹孔，拧紧螺钉。水平翼与尾撑杆需要安装在确定位置上，才能起到支持尾杆强度的作用，如图 5-2-7 所示。

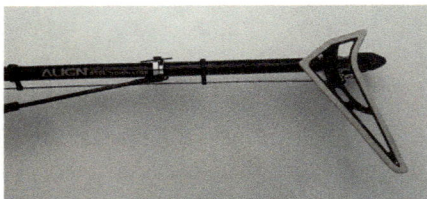

图 5-2-7　安装好的尾撑与水平翼

二、无人直升机伺服系统组装

1. 舵机安装

将控制十字盘的舵机安装在无人直升机机身侧板上，不加装舵机臂，将尾部舵机安装在靠近尾部的机身侧板上，如图 5-2-8 所示。

安装舵机臂需要先找到舵机的中立位置，故此步骤不装舵机臂。

2. 尾部总成安装

将尾桨桨夹（与 T 形头主桨夹安装方法一致）、尾滑套、尾桨控制臂依次用专用螺钉固定；在金属尾侧板两侧均安装轴承后，将自带齿轮的尾横轴套入金属尾侧板上，再将尾滑套与尾桨夹套入横轴上，拧紧螺钉，安装完成后的尾部总成如图 5-2-9 所示。

图 5-2-8　舵机的安装

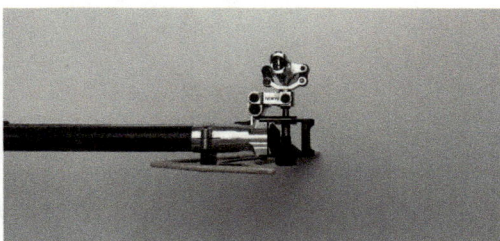

图 5-2-9　安装完成后的尾部总成

三、无人直升机动力系统组装

1. 电机安装

将电机导线焊接上香蕉插头，将电机齿轮安装在电机转子上，最后将电机固定在电机固定座上，套上螺钉不要拧紧。二者结合过紧会造成大齿盘挤压、飞行卡顿使耗电量增大；二者结合过松会造成大齿盘扫齿打滑。

安装电机时，需要调节电机安装座，以确保电机齿轮与无人机大齿盘 / 传动带结合适当。

2. 主旋翼与传动齿盘安装

将主旋翼锁紧扣套在主轴上，传动齿盘放在安装位置上并与电机齿轮啮合，啮合程度要适中，过松容易脱齿，过紧容易导致电机转动不够顺滑、噪音大等问题，让主轴穿过主轴固定座和传动齿盘，并在下方主轴座上锁紧主轴，如图 5-2-10 所示。

大齿盘 / 传动带安装好后按压传动带，通过传动带反弹力度的大小来确定安装是否适中。

图 5-2-10　主旋翼与传动齿盘的安装

四、无人直升机飞控系统安装

当陀螺仪和电调上的香蕉插头焊接完成后，将电调放置在无人直升机机身侧板或者底板上，使用扎带固定；将陀螺仪安装在无人直升机尾杆与机身连接的位置（相对水平），将杜邦线插口朝外，用 3M 胶固定，如图 5-2-11 所示。

图 5-2-11　陀螺仪的安装

无人直升机飞控系统安装注意事项如下：

(1) 陀螺仪的安装位置应尽可能避免强电磁干扰，如避免与电调、电机等直接安装在一起。

(2) 选取干扰小且牢固可靠的位置作为遥控接收机的安装位置。

(3) 需拔掉电机线，给无人直升机通电，以校准伺服舵机中立位置，并安装舵机摇臂与十字盘球头。

(4) 根据电调、陀螺仪、遥控接收机安装位置，选择合理的布线格局，防止因舵机线不够长以及与其他机械结构摩擦而导致电线裸露。

练 习 题

根据本任务所学知识和操作步骤，完成无人直升机的机体、伺服系统、动力系统的组装和飞控系统的安装。

练习题库：
无人直升机组装

实训任务单：
无人直升机组装

任务三　无人直升机调试

本任务主要学习无人直升机调试的相关知识，旨在使学生了解无人直升机机械调试、遥控系统调试、飞控系统调试的方法，并在此基础上完成无人直升机调试。

无人直升机调试

一、无人直升机机械调试

无人直升机机械调试主要是处理无人机各个机械部分的配合，使无人机各方面配合处于相对完美的状态。下面介绍无人直升机机械调试方法。

1. 传动齿轮微调

传动齿轮微调是将电机、传动齿轮、尾杆的长度调节到相互配合顺滑的状态。

一般可以对电机进行微小的调节，采用电机锁紧螺钉对电机进行微调，如图 5-3-1 所示。尾杆的长度根据传动齿轮的锁紧程度或者传动带的松紧程度来进行微小调节。调整好三者的配合程度，使无人直升机整个传动系统能够顺滑地传动，不出现零件配合过于紧密的卡顿或者过于松弛的滑动脱落。

电机微调螺钉

图 5-3-1　采用电机锁紧螺钉对电机进行微调

2. 舵机中立位确定

将电调、舵机、陀螺仪、遥控接收机按照标准连线连接起来，拔掉无人直升机电机供电线，给无人直升机通电，则舵机自然回到中立位置，如图 5-3-2 所示，然后给舵机水平安装舵机摇臂，拧紧舵机摇臂螺钉。

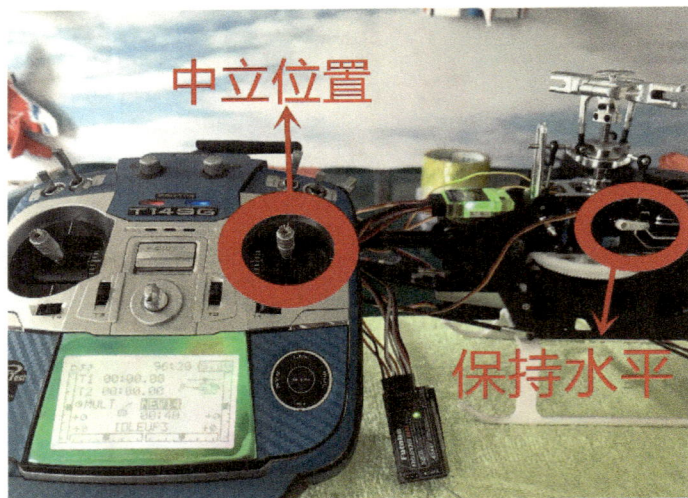

图 5-3-2　舵机摇臂中立位置

3. 尾部调整

让尾舵回到中立位置，调整尾舵连杆，使得尾滑套与尾旋翼控制臂保持垂直，调整后的尾旋翼如图 5-3-3 所示，再安装尾舵连杆，并利用水平尺将尾旋翼调整到水平状态。

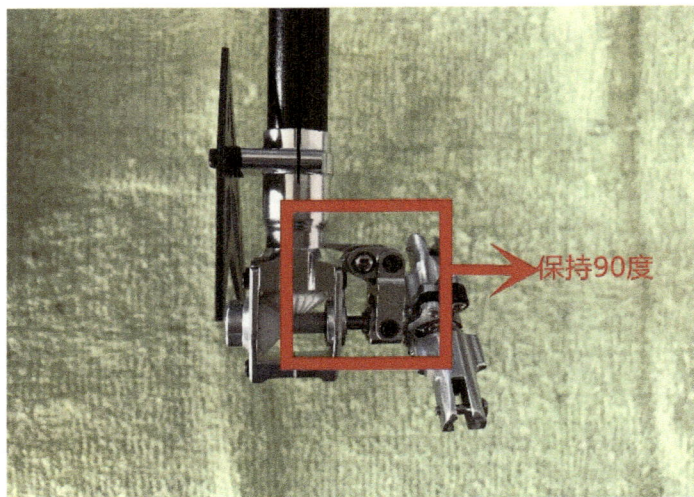

图 5-3-3　调整后的尾旋翼

二、无人直升机遥控系统调试

无人直升机遥控系统的调试过程中，由于遥控器产品的操作界面、功能布局不同，因此调试方法也有所差异。这里以乐迪 AT9S 遥控器为例介绍遥控系统的调试。

首先将无人直升机四个伺服舵机按照陀螺仪接线说明分别插入对应的杜邦接口中，接线如图 5-3-4 所示。

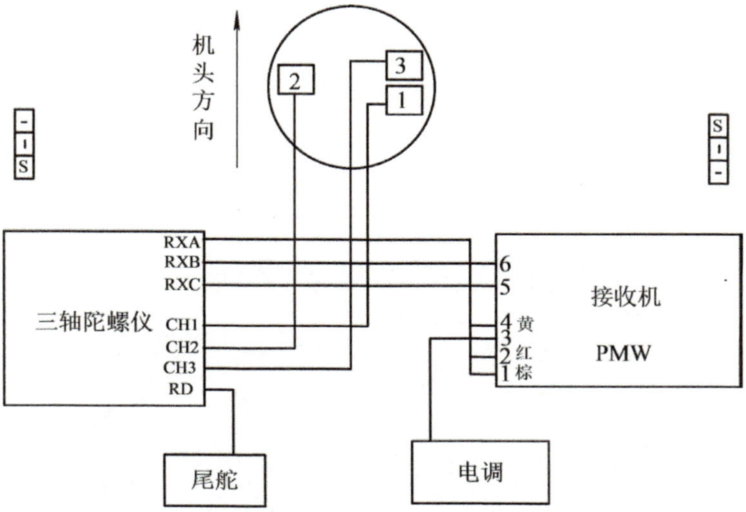

图 5-3-4　陀螺仪接线

1. 遥控器对频

打开遥控器，拔掉无人直升机电调与电机的电源线。

在遥控器和接收机开机状态下，长按接收机对频按钮，灯光闪烁，等待几秒后灯光常亮，表示对频成功，如图 5-3-5 所示。

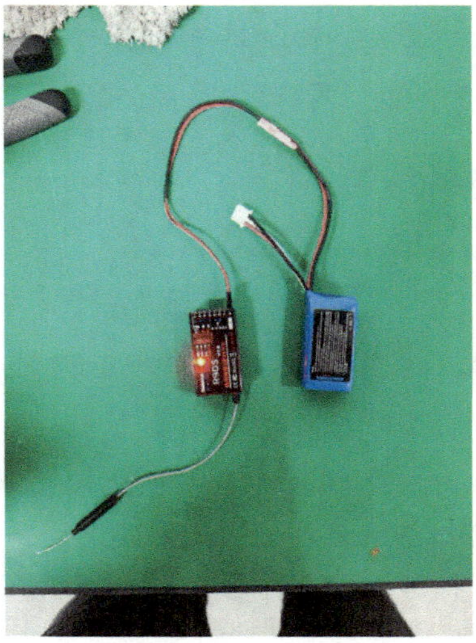

图 5-3-5　遥控器和接收机对频成功红灯常亮

2. 遥控器设置

遥控器设置的步骤如下。

步骤 1：新建无人直升机模型。

(1) 打开遥控器，进入"模型选择"菜单，进行模型选择和模型命名。

(2) 进入"机型选择"菜单，选择"直升机模型"。

步骤2：油门关闭设置。

(1) 长按遥控器"Mode"键。

(2) 进入"油门关闭"界面。

(3) 选中"混控"后的"打开"，取消禁用。

(4) 选择"油门"后的百分比数，将油门拉到10%，长按"Push"键，记录油门位置。

(5) 设置"开关"为"SwF"拨杆。

设置界面如图5-3-6所示。

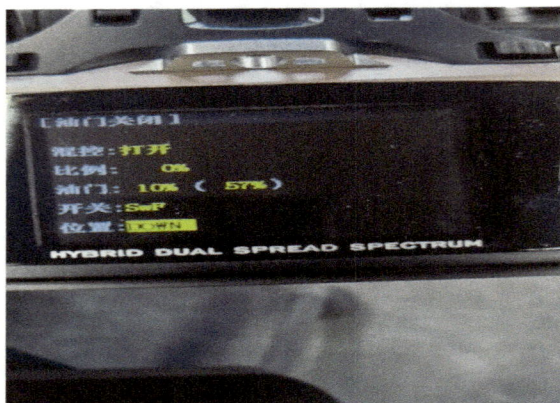

图5-3-6　遥控器油门关闭设置

3. 电调校准

拔掉无人直升机电源，将遥控器油门摇杆推到最高处，再接通无人直升机电源，等待电调"嘀嘀"声响起，再等待"嘀嘀"两声后，将遥控器油门摇杆拉到最低，电调校准完毕。

三、无人直升机飞控系统调试

无人直升机飞控系统种类繁多，调参方法也各有不同，下面的调参方法以K-BAR陀螺仪为例进行介绍。

步骤1：连接陀螺仪调参软件。

(1) 下载并安装Kba调参软件和Kba驱动。

Kba调参软件下载链接为http://pan.baidu.com/s/1jGn4fXk。

Kba驱动下载链接为http://pan.baidu.com/s/1hqGE02S。

(2) 打开遥控器，给无人直升机通电，通电调试前切记要拆卸无人直升机螺旋桨且把无人机放置水平位置，打开计算机调参软件，用数据线连接陀螺仪与计算机，出现图5-3-7所示"USB已连接"，说明连接正常。

(3) 根据无人直升机的型号，确定主旋翼敏捷度和陀螺仪增益数值（一般根据推荐值而定），尾部偏航比率和陀螺仪增益也可根据推荐值而定，再根据飞行状态和手感进行调整。K-BAR陀螺仪调参基础界面如图5-3-7所示。

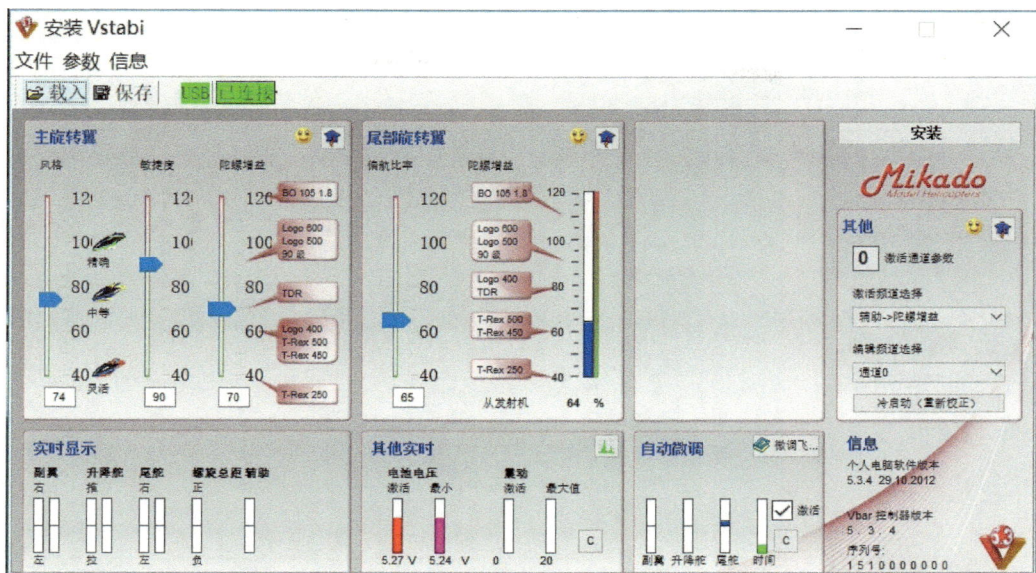

图 5-3-7　K-BAR 陀螺仪调参基础界面

步骤 2：发射机设置。

点击图 5-3-7 所示右上方的"安装"按钮，进入菜单栏，选择遥控接收机为"默认"，将遥控器摇杆放置于中立位置，点击"设定中心点"按钮，显示副翼、升降舵、尾舵、螺旋总距处于相对平衡状态（位置为 0%），如图 5-3-8 所示。

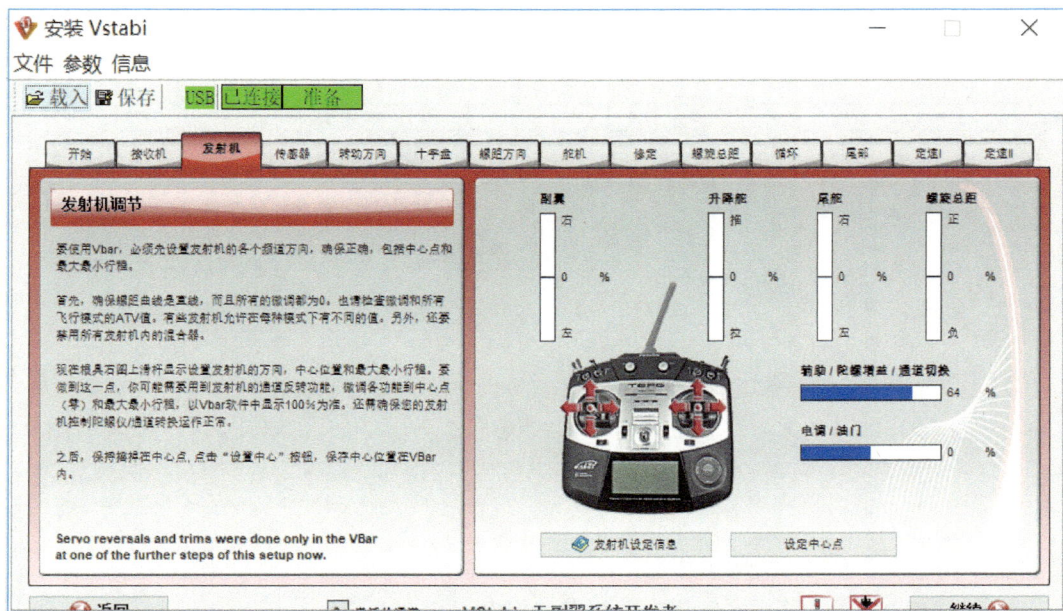

图 5-3-8　设置遥控器中立位置

步骤 3：传感器设置。

图 5-3-9 所示为陀螺仪传感器安装方向，一般按照图中打钩的方向来安装陀螺仪传感器。

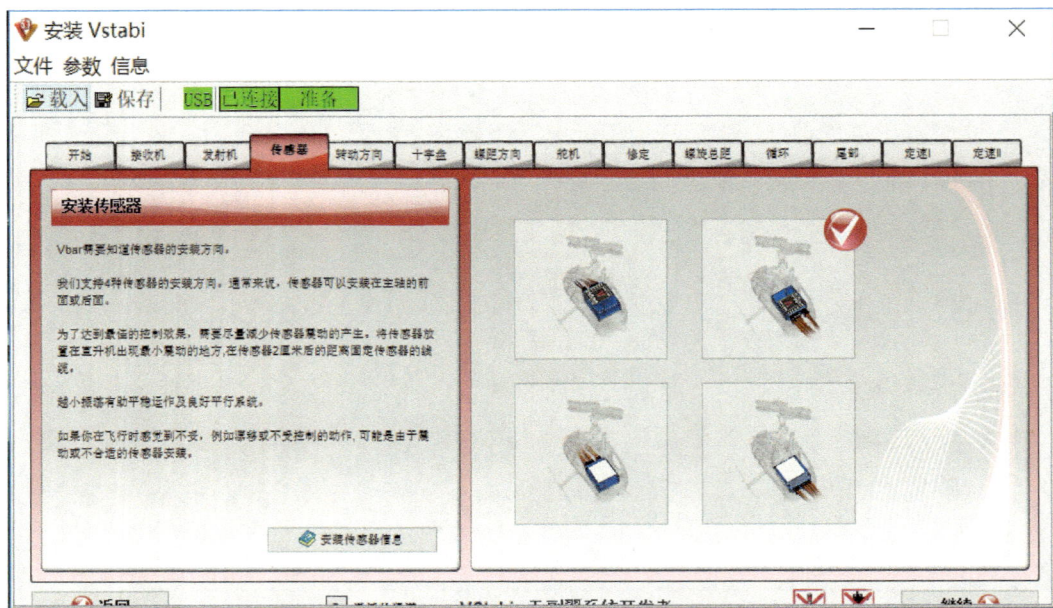

图 5-3-9　陀螺仪传感器安装方向

步骤 4：主旋翼方向设置。

常见的无人直升机主旋翼都是顺时针方向旋转，如图 5-3-10 所示，调节陀螺仪数据时也同样选中顺时针方向旋转。

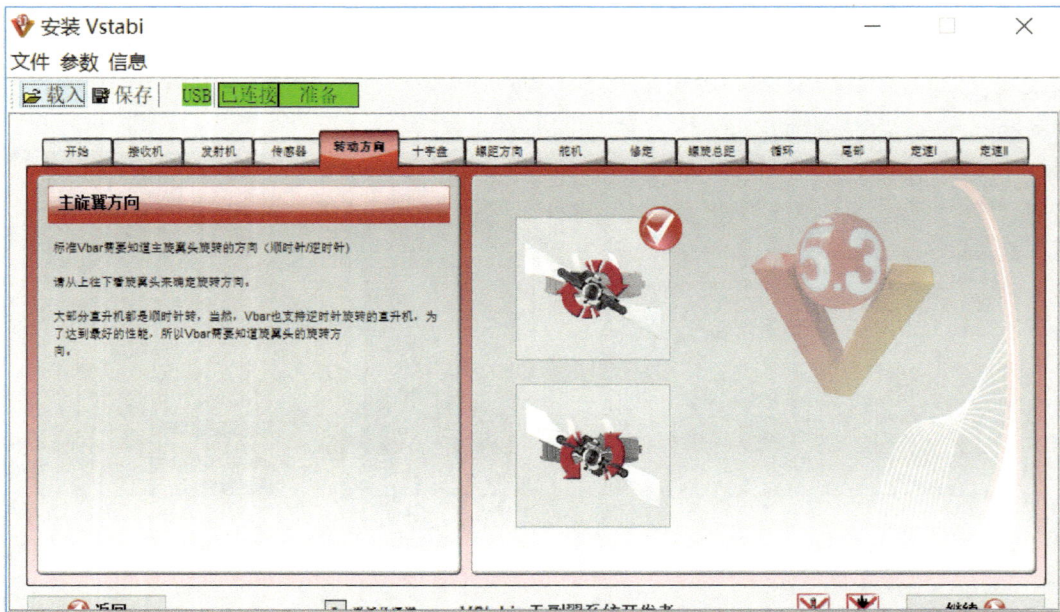

图 5-3-10　主旋翼旋转方向

步骤 5：十字盘类型设置。

十字盘类型选项有 HR-3、H-3、H-4 和 H-1 几种类型，本任务所调的无人直升机十字盘属于 HR-3 类型，如图 5-3-11 所示。

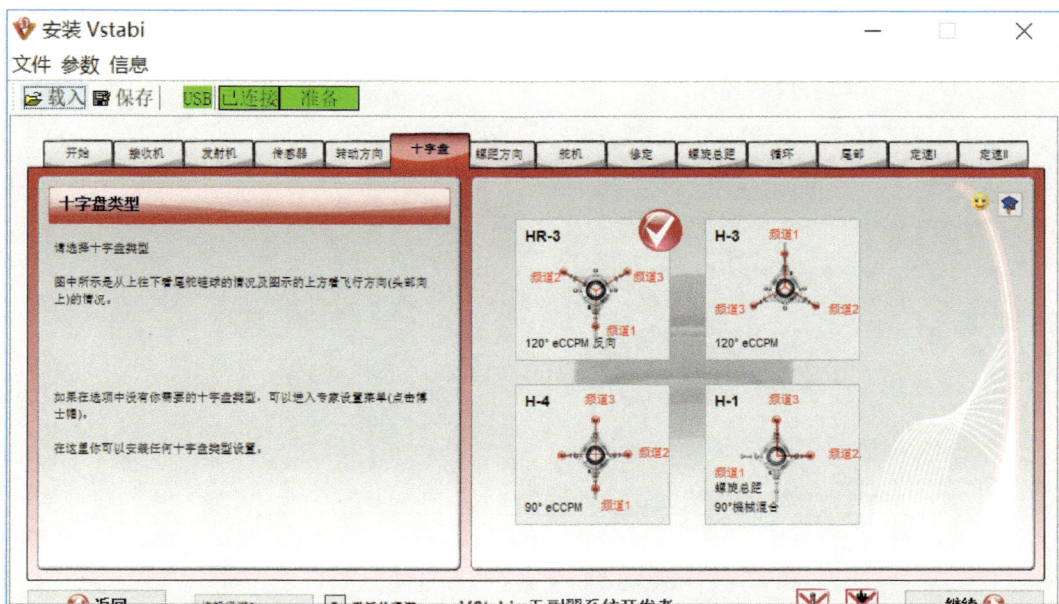

图 5-3-11　常见无人直升机十字盘类型

步骤 6：螺旋总距方向设置。

在"螺旋总距方向"选项中选择上升螺距，使其符合无人直升机上升原理，如图 5-3-12 所示。

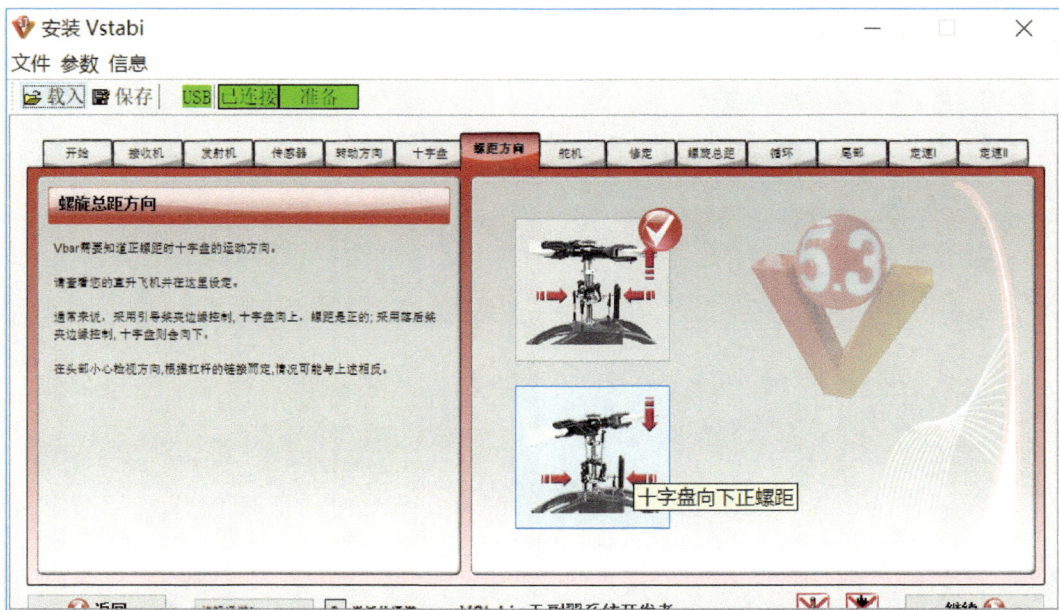

图 5-3-12　无人直升机螺距为上升螺距

步骤 7：舵机方向设置。

推动油门摇杆，判断各个舵机是否上升行程，如果是，则如图 5-3-13 所示"舵机"选项中不作更改；如果不是，则需要改变相对应舵机的正反行程量。

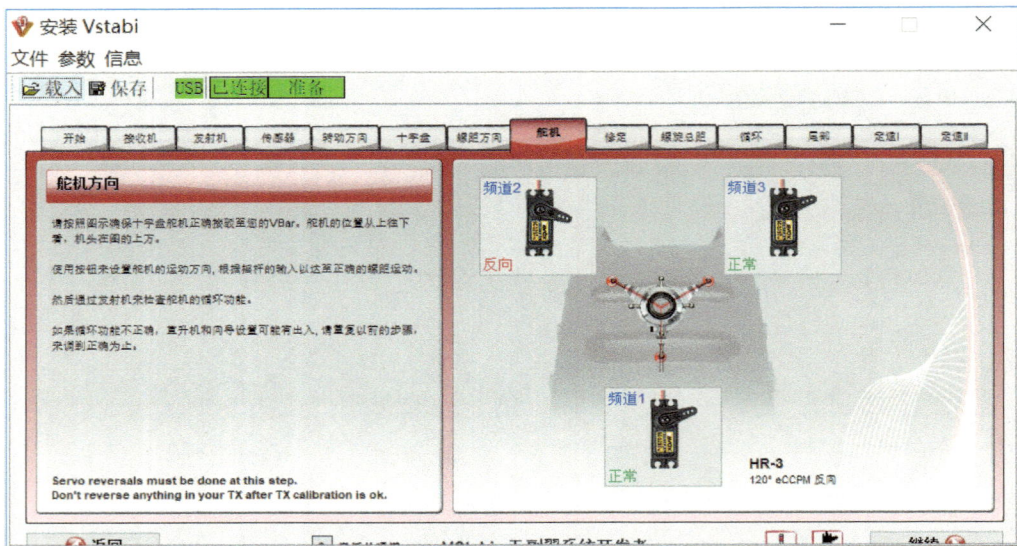

图 5-3-13　舵机正反向设置

步骤 8：十字盘水平设置。

在"修定"选项中，可以对舵机进行微调，可利用"十字盘"调平器对十字盘进行水平调整，使无人直升机主旋翼桨叶与机身处于同一水平，将螺距尺放置在桨叶中间，调整螺旋总距使螺距尺读数为 0°，如图 5-3-14 所示。

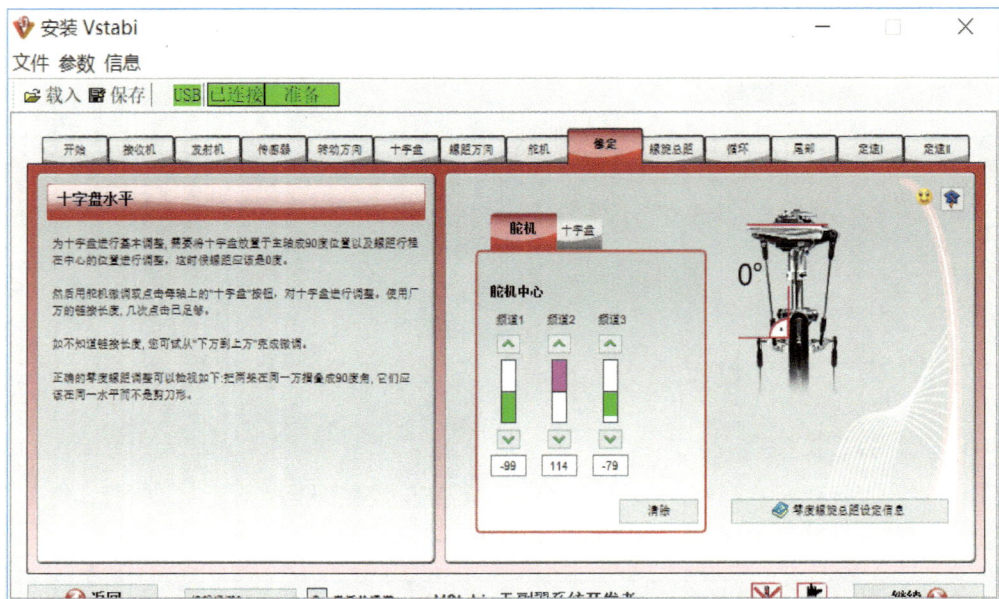

图 5-3-14　十字盘水平设置

步骤 9：螺旋总距设置。

将油门推到最大，在"螺旋总距"选项中调整数值为 80 ～ 100，使得螺距尺读数为 12°～ 14°，如图 5-3-15 所示。

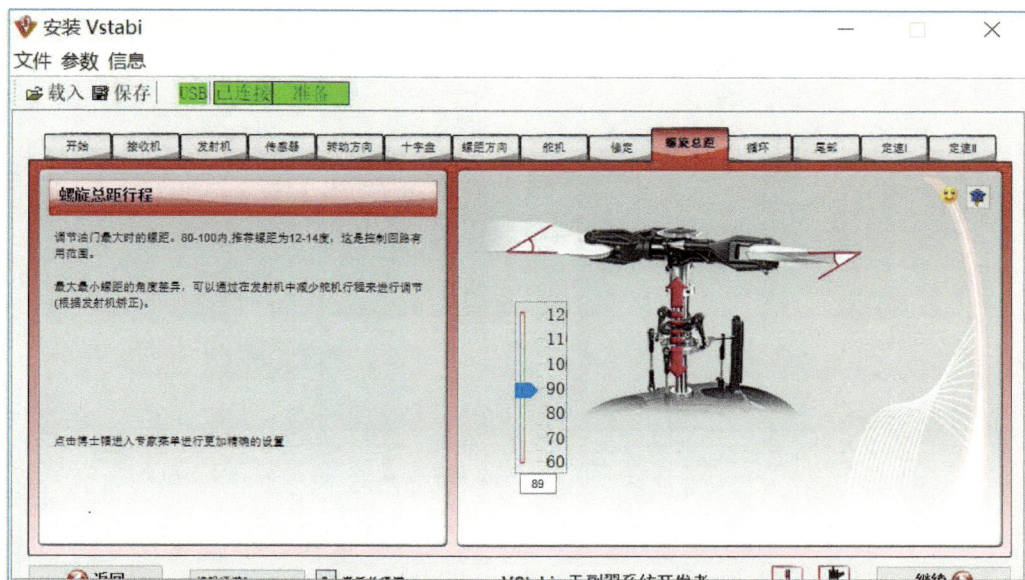

图 5-3-15　螺旋总距设置

步骤 10：循环螺距设置。

将无人直升机机体放平并将主桨叶放置在尾管上方，螺距尺读数应为 0°，点击"测量"按钮，对舵机进行微调，在图 5-3-16 所示的"循环"选项卡中，使螺距尺读数为 8°。

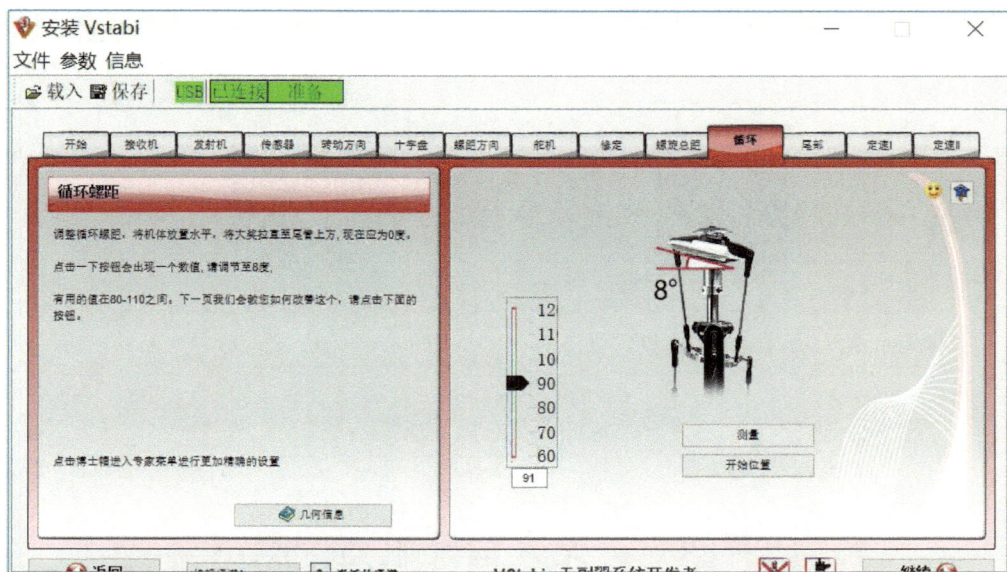

图 5-3-16　循环螺距设置

步骤 11：尾部舵机设置。

在"尾部"选项中拨动遥控器，使尾舵向左移动，尾滑套会向右偏移（如果不对，则需要点击"尾部反向"图标），调整逆时针数值，使尾滑套与桨夹间有 1～2 mm 的间隙；同理，拨动遥控器，使尾舵向右移动，调整方式相同，如图 5-3-17 所示。

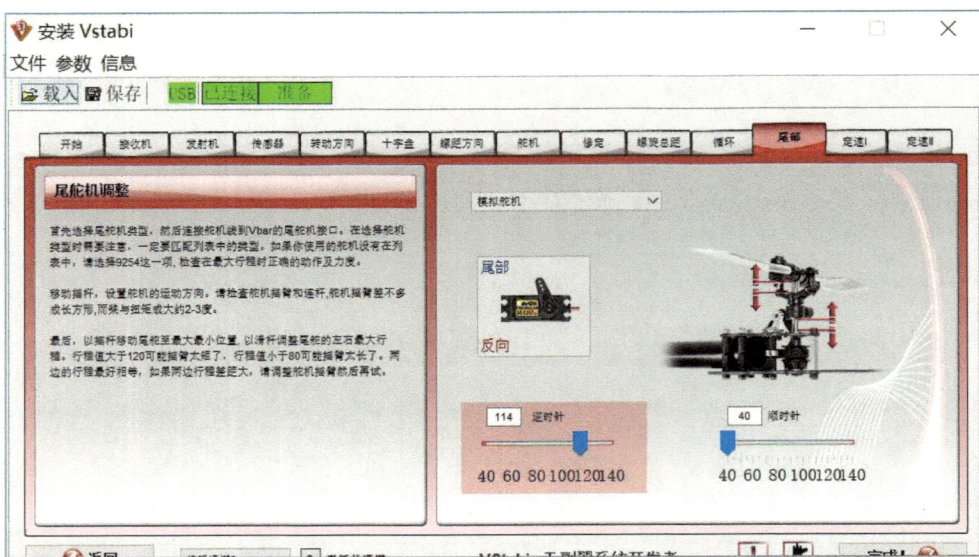

图 5-3-17　尾舵机设置

练习题

根据本任务所学知识和操作步骤，完成无人直升机的机械调试、遥控系统调试和飞控系统（陀螺仪）调试。

练习题库：
无人直升机调试

实训任务单：
无人直升机调试

任务四　无人直升机飞行测试

无人直升机
飞行测试

本任务主要学习无人直升机飞行测试的相关内容，旨在使学生掌握无人直升机飞行测试的步骤。

一、飞行测试前检查

无人直升机飞行测试前检查工作包括：机械结构检查、线路连接检查、遥控器检查、环境选择、区域选择和测试前无人机自检。

1. 机械结构检查

(1) 检查无人直升机外观有无损坏、脱落等。

(2) 检查无人直升机机臂、电池仓等是否有损坏。

(3) 检查无人直升机机身结构是否有松动。

(4) 检查电机与电机座安装是否紧固。

(5) 检查电机座与机臂连接、机臂与机身连接是否松动。

2. 线路连接检查

检查无人直升机电源线路与电源管理模块连接是否正确，电源管理模块与飞控连接是否正常，飞控输出线路各个通道是否正确，插头是否有松动或接触不良等现象，飞控输出与 GPS 连接线是否正常，电调电源线是否正常，电调杜邦线有无橡胶脱落或断裂现象，电调与电机连接是否正常。

3. 遥控器检查

检查遥控器电量、模型、通道映射逻辑、参数、与接收机之间的通信等，并保持所有摇杆关闭，如图 5-4-1 所示。

4. 环境选择

请勿在大风、潮湿、雨雪、寒冷、暴热以及低气压等极端天气环境下测试。

5. 区域选择

请在无人、空旷、合法、无电磁干扰的区域内测试。

图 5-4-1　遥控器检查

6. 测试前无人机自检

将无人直升机放置于 15 m 外，先打开遥控器，再给无人机通电，观察 LED 灯，等待无人机自检完成。

二、飞行测试

1. 飞控系统调试后遥控器设置

1) 油门曲线调整

首先打开遥控器，长按"Mode"键，如果没有油门曲线选项，则短按"Mode"键即可，然后滑动滚轮至油门曲线，进入菜单后可以看到右侧为 7、6、5、4、3、2、1 共 7 个油门挡位，分别代表油门摇杆从上至下的位置（新手调整油门曲线不建议直接调为定速），建议将 1 挡设置为 0 油门，2 挡设置为 20% ～ 40% 油门量，3 挡之后均设置为 50% ～ 60% 油门量，最后拨动滚轮进行调节，使各挡位之间曲线平滑，以使推油门摇杆过中立位置以后，油门定速不变，控制螺距操作无人直升机。

2）螺距曲线调整

首先给无人直升机上电，使桨叶与尾杆平行，把螺距尺夹在主桨叶中间位置，然后长按遥控器"Mode"键，如果没有螺距曲线选项，则短按"Mode"键即可，滑动滚轮至螺距曲线，进入菜单后可以看到 7、6、5、4、3、2、1 共 7 个螺距挡位，分别代表螺距从高到低，调整 1 挡数值，使得螺距尺读数为 −100°；调整 2 挡和 3 挡数值，使得螺距尺读数为 −70°～ 50°，调整 4 挡数值，使得螺距尺读数为 0°；调整 5 挡和 6 挡数值，使得螺距尺读数为 70°～ 90°，调整 7 挡数值，使得螺距尺读数为 100°。

2. 飞行测试并调整

设置好油门曲线与螺距曲线之后，开始进行飞行测试，依据无人直升机油门与螺距配合情况及时作出调整，将无人机调整到适合飞手手感的飞行状态。

练 习 题

根据本任务所学知识和操作步骤，完成无人直升机的飞行测试。

练习题库：
无人直升机飞行测试

实训任务单：
无人直升机飞行测试

学习评价

本任务完成后，请从知识目标、技能目标和素养目标等维度，对任务实施过程、任务结果和工作态度按照"优""良""中""差"进行评价。若始终能够超越学习目标要求，则为"优"；若始终能够维持或偶尔超出学习目标要求，则为"良"；若始终基本达到学习目标要求，则为"中"；若始终低于学习目标要求，则为"差"。

表5　无人直升机组装与调试评价表

项目名称	无人直升机组装与调试		
班　　级	姓名		
完成方式	小组合作完成		
评价项目	评　价　标　准	教师评分	自我评分
知识目标	是否熟知无人直升机的定义及优势		
	是否了解无人直升机的应用		
	是否了解无人直升机的基本结构		
	是否熟悉无人直升机自动倾斜器的工作原理		
	是否掌握无人直升机机体的组装方法和操作步骤		
	是否掌握无人直升机的调试内容及操作步骤		
	是否掌握无人直升机的飞行测试内容和操作步骤		
技能目标	是否能根据实物及照片分辨出常见无人直升机的硬件		
	是否能根据要求完成无人直升机机体的组装及伺服系统、动力系统组装和飞控系统的安装		
	是否能够完成无人直升机的机械调试、遥控系统调试和飞控系统（陀螺仪）调试		
	是否能够完成无人直升机的飞行测试，并根据油门与螺距配合情况及时作出调整		
素养目标	工作态度	态度端正，无无故缺勤、迟到、早退的现象		
	工作规范	能正确理解并按照项目要求开展任务		
	协调能力	与同学之间能够合作交流、互相帮助、协调工作		
	职业素质	实施任务中认真、细致、严谨地对待每个工作细节		
	创新意识	对规范或要求深入理解，不拘泥于给定的思路，进行创新操作		
综合评价			
存在的主要问题			

项目测试

1. 无人直升机由哪几个部分组成？
2. 无人直升机的尾桨有什么作用？
3. 无人直升机的动力系统由哪几个部分组成？
4. 安装尾杆时应使用什么工具保证尾杆水平？
5. 无人直升机调试包括哪几个部分？
6. 螺旋总距影响无人直升机的什么控制？

参 考 文 献

[1] 王古常．多旋翼无人机组装调试与飞行实训[M]．重庆：重庆大学出版社，2021．

[2] 鲁储生，张富建，邹仁，等．无人机组装与调试[M]．北京：清华大学出版社，2018．

[3] 牛红国，章远驰，周小明，等．无人机组装与调试[M]．北京：电子工业出版社，2023．

[4] 刘静，闫俊岭，刘清杰．多旋翼无人机组装与调试 [M]．成都：西南交通大学出版社，2022．

[5] 孙毅．无人机驾驶员航空知识手册 [M]．北京：中国民航出版社，2014．

[6] 王永虎．直升机飞行原理 [M]．成都：西南交通大学出版社，2017．

[7] 邢琳琳．飞行原理 [M]．2 版．北京：北京航空航天大学出版社，2022．

[8] 钟伟雄，韦凤，邹仁，等．无人机概论 [M]．北京：清华大学出版社，2019．

[9] 贾恒旦，郭彪．无人机技术概论 [M]．北京：机械工业出版社，2018．

[10] 牛月娟．基于航拍无人机的设计与调试 [J]．电子制作，2018(12)：11-13．

[11] 白祥，崔广军，赵海彬．基于 PIXHAWK 的飞行控制系统设计 [J]．南方农机，2019，50(11)：28，36．

[12] 黄芳艳，刘永福，林镇滔，等．基于四旋翼无人机的组装与调试研究 [J]．科技与创新，2019(16)：38-39．